KB268225

평범한 아이들을 비범하게 바꾼 자녀교육 혁명

기적의 유치원

기적의 유치원

2012년 3월 16일 초판 1쇄 | 2020년 3월 10일 14쇄 발행

지은이·조혜경
펴낸이·김상현, 최세현 | 경영고문·박시형

표지디자인·김애숙
마케팅·양근모, 권금숙, 양봉호, 임지윤, 유미정
경영지원·김현우, 문경국 | 해외기획·우정민, 배혜림 | 디지털콘텐츠·김명래
펴낸곳·(주)쌤앤파커스 | 출판신고·2006년 9월 25일 제406-2006-000210호
주소·서울시 마포구 월드컵북로 396 누리꿈스퀘어 비즈니스타워 18층
전화·02-6712-9800 | 팩스·02-6712-9810 | 이메일·info@smpk.kr

ⓒ 조혜경 (저작권자와 맺은 특약에 따라 검인을 생략합니다)
ISBN 978-89-6570-066-1(03590)

쌤앤파커스(Sam&Parkers)는 독자 여러분의 책에 관한 아이디어와 원고 투고를 설레는 마음으로 기다리고 있습니다. 책으로 엮기를 원하는 아이디어가 있으신 분은 이메일 book@smpk.kr로 간단한 개요와 취지, 연락처 등을 보내주세요. 머뭇거리지 말고 문을 두드리세요. 길이 열립니다.

기적의 유치원

조혜경 (EBS프로듀서) 지음

극성과 방임 사이에서
고민하는 엄마들에게

저는 세 아이의 엄마입니다. 사람들은 교육방송의 프로듀서이니 아이도 잘 기르겠다며 부러운 눈으로 쳐다보기도 합니다. 하지만 고백하자면 다른 엄마들처럼 저 역시 좀 더 좋은 교육법을 찾아 온몸으로 시행착오를 겪으며 한 발짝 한 발짝 나아 가고 있습니다. 우리 아이들을 시행착오의 수단으로 삼아서 나아 가고 있는 것이 안타깝지요.

첫 아이 때는 여느 강남 엄마들 부럽지 않을 만큼 뭐든 일찍 극성스럽게 가르쳤습니다. 한글은 24개월 때 가르쳤고, 영어 유치원에도 보냈고, 피아노도 아이 손이 고사리 같을 때 시작했습니다. 그 외에도 주위에서 좋다고 하는 것들은 대부분 시도해 봤습니다. 그렇게 했는데도 결과는 만족스럽지 않았어요. 초등학교에 들어가니 늦게 시작한 다른 아이와 별반 차이가 없더군요. 그래서 세 살 터울이 나는 둘째 아이는 되도록 아무것도 하지 않았습니다. 여섯 살이 될 때까지 한글도 가르쳐 주지 않았더니 같은 유치원 친구들이 모두 글을 읽을 줄 아는데 자기는 잘 몰라 창피해하더군요. 그러던 어느 때인가 언니가 썼던 한글 카드를 가지고 와서 몇 번 물어 보더니 정말 놀랄 만큼 빨리 한글을 깨우쳤습니다. 그래서 저는 '이렇게 때가 되면 다 하는 거구나. 첫 아이 때 내가 너무 조바심을 냈나 봐. 아이는 아무것도 시키지 말고 그냥 내버려 두어야지' 하고 다짐했습니다. 그러고는 정말 아무것도 안 시켰습니다. 영어도, 악기도, 미술도, 신체 활동도……. 첫 아이 때 실패했으니 반대로 가면 성공이 있는 듯 무작정 반대로만 갔습니다. 지금 생각해 보면 참 바보 같지만 그런 시행착오를 거쳐 왔습니다. 하지만 더 난감한 상황은 둘째 아이와 다섯 살 터울 나는 셋째 아이가 태어났을 때였습니다. 셋째 아이를 어떻게 키워야 할지 전혀 모르겠는 거예요. 남들은 아이 둘을 키워 봤으니 셋째 아이는 천재로 키우는 거 아니냐고 하는데 저는 정말 막막했습니다. 무언가 새로운 교육법이 필요했습니다. 첫 아이 때처럼 극성스러운 방법도 아니고 둘째 아이 때처럼 내버려 두는 방법도 아닌 제3의 방법이 절실했습니다.

그러던 차에 〈세계의 교육현장〉이라는 프로그램을 제작하게 되었습니다. 다른 선진국 엄마들은 아이를 어떻게 교육시키고 있을까?

나의 고민에 해답을 주는 교육법이 있을까? 북유럽 국가들의 교육법은 정말 훌륭하지만 우리의 교육 현실과는 너무나 동떨어져서 그냥 그림의 떡 같았습니다. 교육 문제는 사회 문제와 밀접하게 연관되어 있는데 북유럽 국가들과 우리는 사회적 환경이 너무 다르다고 할까요? 아무튼 저의 눈길을 잡아끌지는 못했습니다. 그래서 우리와 사회 문화적으로 비슷한 이웃나라 일본에 관심을 가지게 되었습니다. 프로그램을 만들기 위해 자료 조사를 하면서 '어, 일본이 이렇게 잘해?' 하고 반신반의했고 실제 취재, 촬영을 하면서는 '정말 대단하구나! 이 아이들이 자라 어른이 될 때쯤엔 우리나라와는 엄청난 차이가 나겠구나. 이런 게 일본의 힘일까? 우리 막내에게 이런 교육을 시키고 싶다' 하면서 놀랐습니다.

유아기는 평생을 살아가는 힘의 토대를 만드는 시기이고 그래서 중요한 시기지요. 일본에는 다른 분야도 그렇지만 대를 이어 유아 교육에 헌신하는 분들이 참 많습니다. 아버지가 유치원을 경영했고 그 아들이 이어받고 손자가 차량 운행부터 시작해서 유치원 경영을 배우기 시작합니다. 수십 년간 현장에서 아이들을 세밀하게 관찰하고 통찰력을 발휘하여 나름의 교육 철학을 가진 훌륭한 교육법들을 만듭니다. 이런 교육법들이 일본 전역에서 수없이 많이 생겨나고 자리를 잡아 가고 있습니다.

사실 일본에서는 몇 년 전에 '유토리 교육(ゆとり教育, 여유 교육)'이

한창 인기를 끌었습니다. 주입식 교육을 줄이고 창의성과 자율성을 존중하는, 말 그대로 '여유 있는 교육'을 표방했습니다. 2002년부터 공교육에 본격적으로 도입되었고 학교 수업 시간을 줄이는 방식으로 진행되었지요. 하지만 기초학력 저하 현상 등 부작용이 커지면서 2007년 실패를 인정하고 다시 '학력 강화 교육'으로 선회했습니다. 이것을 보면서 순서만 바뀌었을 뿐 마치 제가 겪은 시행착오와 같다는 생각을 했습니다. 저는 둘째 아이 때 '유토리 교육'을 했고, 반대로 첫째 아이 때 '학력 강화 교육'을 한 셈이지요.

일본도 전국 곳곳에서 일본 교육의 문제를 진단하고 바로잡기 위해 애쓰는 사람들이 있었습니다. 모두 한 목소리를 내지 않고 다양한 방법들을 제시했는데, 저는 그 속에서 제가 목말라하던 부분에 대한 답을 발견했습니다. 무작정 극성을 부리지 않으면서도 아이들의 특성에 맞는 적절한 교육, 그냥 내버려 두지 않으면서도 자연스럽게 아이의 재능을 열어 주는 교육! 제가 고민하던 그 합(合)을 위한 교육의 실마리를 찾았을 때 기쁨에 겨워, 유아교육 전문가도 아니고 아이를 내로라하게 잘 키운 것도 아닌 제가 감히 이 책을 시작합니다. 이 실마리를 잡고 우리 아이들에게 맞는 해법을 함께 찾아보지 않으시겠어요?

조혜경(EBS 프로듀서)

CONTENTS

나는 EBS 〈세계의 교육 현장〉이라는 프로그램에서 일본의 유아교육 시리즈 8편을 제작했다. 그때 약 스무 곳의 유치원을 취재했고 여덟 곳은 직접 촬영했다. 내가 취재한 일본의 모든 유치원에는 운동장이 있었다. 그것도 유치원 건물보다 훨씬 큰 운동장이었다.

달리기가 못 견디게 즐거운 아이들이 있다.

매일, 즐겁게, 천천히 달리는 어린이 마라토너들은

모두 웃통을 벗은 채 맨발로 달린다.

달리면서 생각의 크기를 키우는 세이시 유치원의 아이들은

어른들도 어려운 42.195킬로미터 풀코스를 완주해 내는 기적의 아이들이다.

달리기가 못 견디게
즐거운 아이들

마라톤으로 생각의 크기를 키우는
세이시 유치원

매일, 천천히, 즐겁게 달린다

딸아이만 셋이나 키우니 항상 고민들이 줄 서서 대기하는 게 일상다반사다. 13세, 10세, 5세인 여자아이들은 돌발 변수 덩어리들이라고 해도 결코 표현이 과하지 않다. 덕택에 우리 부부도 긴장의 끈을 놓지 않은 채(어떨 땐 이런 긴장감을 즐기기조차!) 언제나 대기 중인 인생을 살고 있다.

그런 긴장감 속에서도 '이럴 땐 어떡해야 하나?' 하고 넋 놓게 될 때가 있는데, 바로 다섯 살배기 막내딸 아리가 집 밖에서는 한 걸음도 걷지 않으려고 황소고집을 피울 때다. 아리와 외출이라도 할라치면 준비만으로도 이미 온몸에서 진땀이 난다. 아리가 늦둥이는 아니지만 큰딸과는 여덟 살 터울, 둘째딸과는 다섯 살 터울이다 보니 아리 스스로도 아기 대접에 익숙해 있다. 설상가상 남편은 아리에게 푹 빠져 눈으로 훤히 보이는 명백한 판단도 그르치기 일쑤인 '딸바보' 과(科)다 보니 막내딸을 제어할 수 있는 장치는 거의 전무하다고 보면 된다. 그래서 아리가 집을 나설 때는 모두 마음을 가다듬고 일전을 각오해야 한다.

먼저 아리는 현관문만 나서면 '루돌프가 끄는 썰매에 탄 산타클로스'처럼 아빠의 등에 타야 한다는 주장을 좀체 굽히지 않는다. 아무리 구연동화를 좋아해도 동화 속 주인공 흉내 내기보다는 걷기 싫은 게 더 큰 이유로 작용한다. 조금이라도 걷게 하면 다리가 아프다며 주저앉아 떼를 쓰는 통에 속이 터진다. 마음 한구석에는 아이에게 어떠한 상황에서도 자신을 거절하지 않을 사람, 무조건적인 사랑을 줄 사람이 한 명쯤 있는 것도 좋겠다는 믿음이 있는 것도 사실이다(그런 믿음이 정당한 것인가는 차치하고!). 하지만 아리의 끝없는 투정이 내 믿음의 밑바닥까지 두드린다. 정말 아이들은 엄마의 인내심을 고래심줄처럼 질긴 것으로 본다는 것이 문제다. 마침 일본의 어린이 마라토너들에 대한 이야기를 들었을 때, 또 다른 세상으로 통하는 문을 열고 들어선 것 같은 느낌이었다.

유치원에 다니는 아이들이 42.195킬로미터에 달하는 풀코스 마라톤 대회에서 완주했다는 소식은 믿기 힘들었다. 어린이 마라토너는 호기심을 자극했다. 어른인 나도 10킬로미터를 뛰는 것이 버거운데 아리와 동갑인 만 5세 아이들이 마라톤 대회에서 완주했다는 것을 어떻게 믿을 수 있겠는가? 나와 카메라 감독은 일본 오사카 시조나 와테 시로 날아갔다.

마라톤 하는 아이들이 다니는 세이시 유치원('마라톤 유치원'으로 잘 알려져 있다)은 2층 건물에 앞마당과 운동장이 있었다. 유치원 건물을 빙 둘러싸고 서 있는 아름드리나무만 봐도 역사가 짧지 않은 유치원이라는 것을 단박에 알아차릴 수 있었다. 이곳에서 39년간 유치원을 경영해 온 74세의 테츠무라 카즈오 원장이 반갑게 취재진을 맞았다. 그는 내가 본 유치원 원장 중 가장 나이가 많은 사람이었다. 원장은 약간 고집스러운 인상이었지만, 가무잡잡하고 반들반들 빛나는 피부를 가진 26명의 유치원생들은 무척 건강하게 보였다.

아침 7시 30분이 되면 유치원 셔틀버스나 자가용, 자전거를 타고 아이들이 등원하기 시작한다. 아이들이 유치원에 들어서자마자 원장 선생님을 찾아 씩씩하게 인사하는 것은 우리와 별반 다를 게 없었다. 하지만 곧 가방을 사물함에 넣고 웃옷을 벗어 던지는 이상한 행동을 했다. 남자아이, 여자아이 할 것 없이 모두 앙증맞은 배를 그대로 드러내고 반바지에 맨발 차림으로 바쁘게 움직이기 시작했다.

조막만 한 손으로 자신의 책상과 의자, 신발장을 닦는 세 살배기

"왜 신발도 신지 않고 청소하니?"

"여긴 모두 맨발이고, 우린 항상 맨발이니까요."

"발은 아프지 않아?"

"전혀요!"

아이와 엉덩이를 하늘 높이 쳐들고 교실 바닥을 청소하는 네 살된 아이의 모습에 웃음이 절로 나왔다. 그러자 다섯 살인 아이가 빗자루를 들고 나가 유치원 앞 골목길을 쓸고 있는 게 아닌가. 이 시각, 한국 아이들은 이불 속에 있거나 식탁에 앉아 밥투정이나 하고 있을 텐데…… 누가 시키지도 않는데 이마와 콧잔등에 배어 나오는 땀을 훔쳐가며 청소하는 모습이라니. 여름철이라 웃옷을 입지 않는 건 그렇다 해도 신발까지 벗고 골목길을 맨발로 다니는 건 약간 신경이 쓰였다.

아이는 오히려 신발에 대해 묻는 내가 이상하다는 듯 씩 웃었다. '아이들이 맨발인 게 과연 마라톤과 관련 있을까?' 하는 생각을 하기도 전에 서울에 있는 막내딸 아리가 떠올랐다. 집 밖을 나서기 무섭게 아빠 등에 올라타려는 아리와는 달라도 너무 다른 아이들이 이곳에 있었다. 심지어 아리는 바닷가나 텃밭에 들어가는 것조차 꺼린다. 샌들이나 신발 사이로 모래나 흙이 들어오는 게 싫어 그 자리에서 꼼짝도 하지 않고 서 있기 일쑤인데……. 아리도 여기 아이들처럼 씩씩했으면 좋겠다는 부러움이 생기는 건 프로듀서이기 이전에 나도 아이 엄마이기 때문이다.

초등학생도 아닌 유치원생들이 자신이 맡은 청소를 척척, 그것도 야무지게 끝내는 모습은 우리 취재진들에게 깊은 인상을 주었다. 아이들은 청소를 끝내고 나서도 곧바로 교실에 들어가지 않고 운동장으로 모여들었다. 아이들은 습관처럼 줄을 서더니 신나는 음악에 맞춰 체조를 하며 "파이팅!"을 외쳤다.

먼저 원장 선생님이 달리기 대열 맨 앞에 섰다. 그 뒤로 5세, 4세, 3세 아이들이 차례대로 담임선생님과 달리기 시작했다. 운동장과 유치원 주위를 한 바퀴 돌면 약 300미터 정도니 아이들은 매일 열 바퀴씩 3킬로미터를 달리는 셈이다. 원장 선생님이 앞에 서서 달리는 데는 특별한 이유가 있다. '아이는 부모의 뒷모습을 보며 자란다'는 간단하지만 의미 있는 교육 철학 때문이다. 원장 선생님이 앞에서 즐겁게 달리면 아이들도 그 뒷모습을 보며 즐겁게 달릴 수 있다는 것이다. 아이들은 유치원에 입학해 3년 동안 매일 선생님의 뒷모습을 보며 3킬로미터를 달린다. 유치원을 졸업할 때가 되면 아이들은 자연히 체력이 튼튼해지지 않을 수 없다.

세이시 유치원의 아이들은 매일, 천천히, 즐겁게 달린다. 특별한 날을 제외하고 거의 매일 달린다. 원칙적으로 비가 내릴 때는 달리기를 하지 말아야 정상이지만 여름철에는 이슬비나 소나기가 내려도 달리기를 멈추지 않는다. 아이들이 소나기 샤워를 하며 달리는 재미를 이미 알아 버렸기 때문이다. 원장 선생님 역시 아이들이 즐겁게 비를 맞는 것이 좋은 교육이라 생각한다. 산성비다 뭐다 해서 아이

아이들은 매일, 천천히, 즐겁게 달린다.

특별한 날을 제외하고 거의 매일 달린다.

비가 내릴 때는 달리기를 하지 말아야 정상이지만

여름철에는 이슬비나 소나기가 내려도 달리기를 멈추지 않는다.

아이들이 소나기 샤워의 재미를 알아 버렸기 때문이다.

가 비 한 방울이라도 맞으면 큰일 날 것처럼 수선스러운 우리 모습과는 사뭇 대조적이다.

세이시 유치원의 아이들은 자연을 느끼고 즐기는 데 익숙해져 있다. 물론 아이들의 건강에 무리가 가지 않는 선에서 달린다. 날씨 상황, 어린아이들의 체력, 컨디션 등을 고려해 달리기를 한다. 아직 성장이 이뤄지고 있는 어린아이들을 빨리 달리게 하는 것은 오히려 신체 발달에 해로울 수도 있기 때문에 '마라톤'이라는 길고 긴 목표를 두고 천천히, 아주 천천히 달리게 할 뿐이다.

3세 아이들은 한 번에 300미터 이상 달리게 하지 않는다. "저기, 그네까지 가 볼까?", "이번에는 미끄럼틀까지 가 보자." 하는 식으로 쉬운 목표를 정해 어린아이를 천천히 달리도록 유도한다. 무작정 아이들을 달리게 하는 것도 좋은 방법은 아니다. 장난치며 놀기도 하고 쉬기도 하면서 달린다. 마라톤은 어른에게도 단조롭고 힘겨운 운동이므로 아이들이 싫증을 느끼지 않도록 여러 가지 방법을 궁리한다.

날마다 달리는 코스를 조금씩 달리해서 미로 찾기 놀이를 하듯 달리기도 하고, 미끄럼틀을 올라갔다 내려오기도 하고, 여름철에는 달리는 아이들에게 호스로 물을 뿌려 샤워하면서 달리는 즐거움까지 맛보게 한다. 세이시 유치원 교사들은 '마라톤=즐거운 놀이'라는 인상을 심어 주기 위해 아이들이 좋아할 만한 것들을 궁리하기에 바쁘다.

적어도 11월까지 세이시 유치원의 아이들은 웃옷을 벗고 맨발로 달린다. 겨울에도 반팔 셔츠 차림에 운동화를 신고 달린다. 경우에 따라 추위에 약한 아이는 점퍼를 입고 달리기도 한다. 그러나 일단 달리기 시작하면 많은 아이들이 자발적으로 신발과 점퍼를 벗어 던진다. 교사들은, 달리는 데 익숙해진 아이들이 웃옷을 벗어 던진다는 건 아이들의 신진대사가 활발해졌다는 신호이며, 맨몸으로 달리면 피부까지 건강해진다고 말한다. 또한 아이들이 더위나 추위에 강하고, 감기에 잘 걸리지도 않으며, 감기에 걸리더라도 금방 낫는다고 귀띔했다.

"요즘 대부분의 부모들은 아이들의 옷을 제대로 입히고 곱게 키우는 걸 좋아합니다. 맨몸은 비문화적으로 보이고 햇빛에 피부가 노출되면 검게 그을려 보기에 좋지 않으니까요. 하지만 저희는 아이들의 건강을 첫 번째로 생각하고, 건강에 도움이 된다면 기꺼이 받아들이죠."라며 자외선을 걱정하는 부모들의 시각에 선생님은 일침을 놓는다.

취재 중에 만난 학부모들도 아이들이 웃옷을 벗고 맨발로 매일 3킬로미터씩 달리는 것에 매우 만족해했다. 처음에는 아이에게 무리일 것 같아 적지 않게 걱정했지만 유치원 입학 당시에는 골골했던 아이가 점점 튼튼해지는 것을 보고 그런 생각은 아예 접었다는 것이다. 학부모들은 아이들이 잔병치레 없이 자라는 것이 모두 마라톤 덕택이라고 생각했다.

일본의 저명한 뇌 과학자 시노하라 기쿠노리(篠原菊紀) 박사는, 맨발로 땅을 밟고 달리는 것과 신발을 신고 달리는 경우를 비교해보면 맨발로 달릴 때 뇌가 더 자극된다고 말한다. 맨발로 바닥을 확실하게 밟았다가 차는 동작을 하기 때문에 뇌 활동을 촉진한다는 것이다. 발바닥은 '제2의 심장'으로 불릴 만큼 몸의 순환에 중요한 역할을 한다. 세이시 유치원의 아이들이 맨발로 달리기를 하는 것은 암기력과 밀접한 관련이 있다. 몸을 활발하게 움직이면, 즉 마라톤을 하면 유산소운동으로 혈액순환이 원활하게 이뤄져 뇌가 좋아진다는 것이다. 그러나 아이들 수준에 맞는 달리기 정도면 충분하지 어른도 힘들어하는 마라톤까지 굳이 할 필요가 있을까?

"아이들이 꿈을 가지게 돼요. 모험을 하는 거지요. 평소에 달리기를 많이 하니까 마라톤에 도전해 볼까? 불가능한 것에 도전하는 꿈이 생기잖아요."

이는 달리기가 아이들의 체력과 건강을 위한 것만이 아니라 정신적 성장을 고려한 것이라는 얘기다. 달리기를 아이들의 목표의식을 자극할 수 있는 하나의 교육 과정으로 생각하는 것이다.

대단한 유치원 아이들

세이시 유치원의 아이들이 웃통을 벗은 채로, 맨발로 매일 3킬로미터를 달리는 것은 보통 아이들 같으면 엄두도 내지 못할 일이다. 게다가 아이들은 어른도 힘든 42.195킬로미터 마라톤을 완주한다. 나는 만 5세 아이들이 마라톤 경기를 완주할 수 있었던 특별한 비법에 초점을 두고 취재를 시작했다.

2005년 11월 6일, 오사카 시민마라톤 대회에서 작은 기적이 일어났다. 기껏해야 지역 마라톤 대회에 불과한 현장에 일본의 수많은 신문과 방송국에서 취재 경쟁을 벌인 것이다. 당시 일본 신문들은 '대단한 유치원생들!'이라는 헤드라인으로 이 기적을 대서특필했다.

주인공들은 세이시 유치원의 만 5세 아이들이었다. 13명의 아이들이 마라톤 대회에 참가해 11명이 제한시간인 8시간 내에 풀코스를 완주했다. 그것도 6시간 51분이라는 놀라운 기록으로 말이다. 일본 열도가 들썩거린 것은 두말할 필요가 없다.

〈세계의 교육현장〉을 제작하면서 처음 이 소식을 접한 나는 이 '대단한 유치원생'들을 의심하지 않을 수 없었다. 게다가 그것이 사실임을 안 뒤에도 어린아이들에게 마라톤 풀코스를 뛰게 한 어른들의 속내에 또 의구심을 가지기도 했다. 결국 세이시 유치원을 직접 방문해 아이들의 일상을 지켜보면서 이들의 마라톤 성공 스토리를 곧이곧대로 받아들일 수 있었다.

세이시 유치원의 마라톤 역사는 오래되었다. '오사카 1만 명 가족 마라톤 대회'에 15년 동안 한 번도 빠지지 않고 참가했다. 3세 아이는 3킬로미터 부문, 4세 아이는 부모와 이어달리기를 하는 6킬로미터 부문, 5세 아이는 10킬로미터 부문에 꾸준하게 참가해 왔다. 게다가 5세 아이들은 어른들도 힘든 마라톤 대회에서 모두 거뜬하게 풀코스를 완주해 사람들을 놀라게 했다.

하지만 세이시 유치원의 마라톤 역사가 순탄했던 것만은 아니다. 이후 몇 해 동안 지역 마라톤 대회가 열리지 않아 2001년에 '요도가와(淀川) 시민마라톤 대회'에 참가하려 했지만 출전 자격이 18세 이

아이들이 마라톤을 할 때 반드시 지켜야 할 원칙이 있다.

우는 아이는 달리지 않게 한다.

울지 않고 천천히 달리는 아이는 달릴 수 있다.

아이들이 달리는 최종 목표는 마라톤 완주가 아니다.

아이들은 그저 달리고 싶어서 달린다.

상이었던 탓에 참가가 불투명하게 됐다. 세이시 유치원 원장과 교사들이 아이들의 마라톤 대회 출전 경험과 훈련에 대해 대회 관계자들을 끊임없이 설득하고 또 설득한 결과, 하프 마라톤에만 참가하겠다는 조건으로 마라톤을 뛸 수 있는 기회가 주어졌다.

대회 관계자들 역시 처음에 세이시 유치원 아이들이 달리는 모습을 보고 입을 다물지 못했다고 한다. 모든 아이들이 좋은 성적(아이들의 기록이라고 볼 수 없는!)으로 골인했기 때문이다. 그렇다 보니 그 다음 대회부터는 세이시 아이들이 주요 초청 대상 1순위로 낙점됐고, 풀코스를 뛸 수 있는 자격도 같이 주어졌다.

원장 선생님도 처음에는 아이들의 마라톤 대회 참가를 많이 걱정했다고 한다. 평소 꾸준한 운동으로 단련된 아이들이지만 42.195킬로미터를 뛰어본 적은 없었기 때문이다. 하지만 아이들은 끝까지 잘 달려 주었다. 마라톤 대회에 참석한 첫해인 2002년에는 7명의 아이들이 제한시간 내에 풀코스를 완주했고, 2003년엔 참가자 10명이 모두 완주했다. 2004년에는 참가자 5명 중 4명이 제한시간 안에 골인하는 결과를 냈고, 2005년에는 13명이 참가해 11명이 6시간 51분 만에 골인해 일본인들의 관심을 모았다.

만 다섯 살 아이들이 좋은 성적으로 마라톤 풀코스를 완주한 데는 체력과 대회 운영 기술이 단단히 한몫했다. 세이시 유치원 교사들은 매일 3킬로미터 달리기를 3년간 하면서 체력을 탄탄하게 길러 놓았고, 아이들의 특성을 잘 살펴 지치지 않고 끝까지 달릴 수 있도록 대회 코스도 효과적으로 운영한다. 마라톤 대회 주최 측에서 5킬로미터마다 설치해 놓은 급수대를 교사들은 독자적으로 2.5킬로미터 지점마다 설치해 아이들이 급수대를 지나갈 때마다 물과 바나나를 먹여 탄수화물과 미네랄 등을 섭취할 수 있도록 한다.

그뿐만 아니라 가벼운 스트레칭으로 몸을 풀고, 5~10분간 휴식하면서 다음 지점까지 갈 수 있는 정신력과 체력을 충전하도록 한다. 열에 확 달아오른 발을 식힐 수 있도록 얼음물도 준비하고, 마라톤의 지루함을 달래기 위해 원장 선생님이 끝말잇기나 퀴즈를 내며 같이 달리기도 한다. 심지어 기분이 좋을 때는 노래를 부르기도 한다. 이렇게 아이들은 선생님, 친구들과 놀이하듯 마라톤을 완주한다. 무엇보다 지루하고 힘든 순간을 잘 이겨내고 결승점에 도착했다는 환상적인 경험은 아이들에게 무엇과도 바꿀 수 없는 자신감을 주었다.

어린이 마라토너들을 훈련시킬 때 가장 중요한 것은 아이에게 달리기를 강요하지 않는 것이다. 마라톤을 하는 아이가 울면 그 자리에서 달리기를 멈추게 한다. 아이들이 울면서 달리게 할 필요는 없다는 것이 원장 선생님의 생각이다. 단, 울지 않고 천천히 달리는 것은 괜찮다. 어린이 마라토너들의 최종 목표는 풀코스 완주가 아니라 달릴 수 있는 만큼 달리는 것이기 때문이다.

　원장 선생님은 38년 동안 아이들과 함께 달리면서 아이의 몸이 어른과 다르다는 걸 알았다고 한다. 마라톤 급수대에 들어서면 아이들은 지친 기색 없이 물과 바나나를 먹으며 수다를 떤다. 심지어 어떤 아이는 좀 쉬고 나면 어서 달리자고 원장 선생님을 재촉할 정도다. 아이들은 어른만큼 빨리 달리거나 쉬지 않고 달리지는 못한다. 하지만 천천히, 자주 쉬면서 달리면 42.195킬로미터가 아니라 50킬로미터, 70킬로미터도 달릴 수 있다고 한다. 아이들의 몸은 어른과는 비교할 수 없을 만큼 빨리 회복되기 때문이다.

　"이것이 믿어지지 않으면 마라톤 현장에 오면 알 수 있어요. 방금 42.195킬로미터를 달린 아이가 10분도 지나지 않아 다시 뛰어다니면서 술래잡기를 하며 노는 모습을 볼 수 있거든요. 나는 완전히 지쳐서 간신히 서 있는데 아이들은 금방 달리기 전의 상태로 돌아와 있어요. 이걸 보고 어른 마라톤 참가자들이 우리 아이들을 도깨비 같다고 말해요. 하하하……. 나도 아이들이 지치지 않는 이유가 항상 궁금합니다."라며 밝게 웃는다.

　가만히 생각해 보면 전혀 믿기지 않은 이야기도 아니다. 대부분 비슷한 경험이 한 번쯤 있을 것이다. 초등학교 저학년 때는 엄마랑 함께 소풍을 간다. 나는 4학년, 여동생이 2학년일 때 엄마가 아파서 아빠랑 봄 소풍을 다녀온 적 있다. 당시 충청도 제천에서 자란 아이들이 소풍 가는 장소는 모두 똑같았다. 시내에 있는 학교에서 의림지까지의 구간 거리는 약 5킬로미터. 다들 걸어서 갔다가 걸어서 돌아오니 총 10킬로미터를 걷는 셈이다. 그렇게 소풍을 갔다 와서 내가 친구들과 노는 걸 보고는 아버지께서 "다리 안 아파? 아빠도 힘든데 우리 딸 참 대단하네."라고 놀라서 하신 말씀이 기억난다. 지금 생각해도 그 소풍은 그리 힘들지 않았다. 세이시 유치원 원장 선생님의 말대로 '쉽게 회복하는 것'은 아이들이 가진 신비한 능력이다. 그것 밖에 달리 설명할 방법이 없다.

머리 좋은 아이를
머리 나쁘게 만드는 방법

모든 엄마들의 바람처럼 나도 우리 아이들의 머리가 좋길 바란다. 장난감을 사 줄 때도 가급적이면 두뇌 발달에 도움이 되는 것으로 고르기 위해 노력한다(단지 노력만 한다!). 아이들과 함께 장난감을 사러 가면 내 의도와는 상관없이 아이들은 언제나 인형 같은 것들을 고른다. 그러면 나는 아이의 의사를 제대로 무시하고 어떻게든 퍼즐을 사게끔 유도한다(강요한다!). 그래서 우리 집에는 퍼즐 조각들이 넘쳐난다. 이리 채이고 저리 채이는 것이 퍼즐 조각들이다. 그렇다고 아이들의 머리가 비상하게 좋아졌나 하면 꼭 그렇지도 않다. 아이의 머리가 좋아질 거라는 은근한 기대를 부추기는 장난감의 대부분은 부모의 자기만족이라는 것이 지금까지 내가 내린 결론이다.

세이시 유치원이 하루도 빠지지 않고 달리기를 하는 이유는 아이들의 체력을 기르는 것 외에도 두뇌 개발 목적이 있다. 세이시 유치원은 매년 3월에 학예회를 개최하는데, 5세 아이들은 3시간이 걸리는 6막 정도의 긴 연극을 소화해야 한다. 아이에게는 다소 무리하게 느껴지는 도전이지만 원생 수가 적어서 한 아이가 여러 역할을 해야하기도 하고, 대사가 많아서 연습도 많이 해야 한다. 아이들은 연극 연습을 시작할 때는 힘들어하다가 며칠 지나면 곧잘 대사를 외운다.

하지만 이상한 일이 일어났다. 유치원은 학예회 날짜가 코앞에 다가오자 잠시 동안 아침에 달리는 것을 쉬기로 결정했다. 달리기 시간을 연극 연습시간으로 활용하기 위한 고육지책이었다. 그런데 생각지도 못한 복병이 나타났다. 어제까지만 해도 대사를 잘 외우던 아이들이 연극 연습을 처음 시작하던 상태로 되돌아간 것이다. 아이들은 외운 걸 까먹는 것도 모자라 아예 대사를 내뱉지도 못하는 게 아닌가. 교사들은 영문도 모르고 당황해서 아이들에게 "잘 기억하더니 갑자기 왜 그러니? 연극하는 게 싫어?"라고 물었다. 아이들은 한결같이 "하기 싫은 건 아니지만 어제만큼 잘 외워지지 않아요." 하고 대답했다.

대사가 갑자기 바뀐 것도 아닌데 갑자기 아이들이 대사를 외우지 못하는 상황에 다급해진 교사들은 원장 선생님과 함께 긴급대책회의를 열었다. 학예회 날짜는 점점 다가오는데 모두 마음이 조급했다. 그러다 아이들의 달라진 환경이 무엇인지 고민하기 시작했고 어쩌면 아침 달리기를 생략한 것이 원인일지도 모른다는 추측에 의견이 모아졌다. '운동'과 '암기력'이 서로 관련돼 있는지를 의심한 것이다.

그렇게 일시적으로 멈췄던 아침 체조와 달리기를 시작했다. 그리고 교사들은 자신들의 눈앞에 펼쳐진 광경에 입을 다물지 못했다. 아이들은 다시 대사를 쉽게 외우던 때로 되돌아가 있었다. 원장 선생님은 어떤 연구 결과보다 눈앞에서 일어난 상황, 즉 달리기가 아이들의 기억력에 크게 관여하고 있다는 사실을 신뢰하기로 했다. 물론 그 이후로 세이시 유치원의 아침 체조와 달리기는 다른 이유 때문에 중지된 적이 한 번도 없다.

세이시 유치원이 이미 경험으로 깨달은 것처럼 달리기가 아이들의 뇌 발달에 좋은 영향을 미친다는 것은 대부분의 뇌 과학자들이 이미 증명한 사실이다. 뇌 과학자 시노하라 박사는 "뇌를 발달시키려면 흔히 머리를 많이 써야 한다고 생각하기 쉽습니다. 엄마들이 아이들에게 무언가를 외우게 하거나 퍼즐 맞추기를 장려하는데, 그게 전부는 아니에요. 뇌세포는 유산소운동으로 몸을 활발하게 움직일 때 엄청나게 늘어납니다. 아이의 머리를 좋게 하려면 유산소운동을 열심히 시키세요. 유아기에 달리기와 같은 유산소운동이 좋은 이유가 여기에 있습니다."라고 말한다.

아이 머리를 좋게 한다고 머리 그 자체만 생각한 내가 바보 같아서 피식 웃음이 나왔다. 아이들이 원하지도 않는 퍼즐을 잔뜩 사 주는 것보다 함께 뛰어노는 것이 오히려 더 머리를 좋게 한다는 사실을 엄마들께서는 잊지 마시길 바란다. 아이들이 쿵쿵거리며 뛰어놀아도 번잡하다고 짜증 부릴 게 아니라 유산소운동으로 머리가 좋아진다고 믿어 보도록 하자. 한결 조바심이 사라질 것이다. 지금이라도 '똑똑한 아이'를 염원하는 엄마의 조바심이 오히려 아이의 공부하는 능력을 떨어뜨리는 것이 아닌지 생각해 볼 문제다.

사실, 세이시 유치원에서는 달리기 외에도 아이들의 두뇌 발달을 돕는 활동을 많이 하는 편이다. 두뇌 발달을 촉진하는 활동이라고 해서 교실에서 하는 것은 아니다. 아침에 아이들이 등원해서 청소하고 달리기를 하고 나면 자유로운 놀이 시간이 주어지는데, 아이들은 주로 운동장, 정확하게 말하면 폴리우레탄 블록을 깔아 놓지 않은 흙바닥에서 놀이를 즐긴다. 아이들은 작은 손수레에 자신보다 어린 아이들을 태워 주거나 봉을 오르거나 소꿉장난을 하는 등 제각각 자신이 놀고 싶은 대로 놀이를 한다.

교사들은 아이가 운동장에서 하고 싶어 하는 놀이를 할 수 있도록 그냥 내버려 둘 뿐 전혀 아이들의 놀이에 개입하지 않는다. 많은 아이들이 모래더미에 앉아 노는 걸 선택한다. 모래에서 놀아도 우리가 어릴 때 했던 두꺼비 집 모래 놀이와는 차원이 다르다. 아이들은 함

그냥 흙 속에서 노는 아이들 같다.

그러나 아이들은 암묵적으로 각자 맡은 역할이 있다.

아이들은 함께 도시를 구획하고, 설계하고, 만든다.

놀이도 하나의 작품을 만들 듯 정성을 기울이고

기분 좋은 성취감을 맛본다.

께 모여 소위 '공사'라는 걸 한다. 삽으로 바닥을 고르고 고랑을 만드는 아이가 있는가 하면, 파이프를 가지고 와서 모래 속에 묻는 아이도 있다. 연신 페트병에 물을 떠오는 아이도 있고, 손으로 모래를 조물거리며 성을 만드는 아이도 있다. 아이들은 각각 다른 걸 하는 것처럼 보이지만 자세히 들여다보면 협동 작업을 한다.

큰 모래 산을 기준으로 마을과 성, 강, 터널이 있는 작은 도시를 만든다. 자세히 보니 작은 도시의 한쪽은 높고 한쪽은 낮다. 파이프에 물을 부으니 고랑을 따라 물이 흘러 내려가는 모습이 딱 '흐르는 강'의 모습이다. 아이들은 시원하게 흘러가는 물줄기를 보며 탄성을 지른다. 여러 개의 페트병에 물을 담아 부으며 신나게 논다. 서너 살의 아이들이 만들었다고 하기에는 상당히 짜임새 있는 구조다. 성과 강, 터널의 배치도 훌륭하다. 게다가 물이 흐르는 강을 만들려면 기울기가 있어야 한다는 것조차 감지할 정도로 영리하다. 이처럼 서로 일을 분담해서 다툼 없이 사이좋게 하나의 작품을 만드는 정성이 바로 세이시 유치원이 지향하는 교육이다.

막내딸 아리는 손에 흙이 묻는 걸 지독하게 싫어한다. 흙이 묻으면 얼른 닦아 달라고 조른다. 생각해 보면 그런 습관은 엄마인 내가 길러 준 것 같다. 아이가 어릴 적부터 길거리에 있는 흙이나 풀을 만질까 봐 잠시도 눈길을 떼지 않았다. 흙에 있는 오염물질이 걱정돼 아

수많은 교재와 학습 기구 앞에서 난감해 본 적이 있을 것이다.

아이에게 필요한 것보다 엄마가 강요한 장난감이

더 많은 건 아닌지 되돌아봐야 할 때다.

아이들은 생각보다 많은 걸 알고 있다.

말로 표현하는 방법을 모르거나 표현하지 않을 뿐.

아이가 원하는 것은 그리 많은 것이 아니다.

즐겁게 배우는 것, 그뿐이다.

리가 뭔가를 만지면 큰일이라도 난 것처럼 "아리야, 지지!" 하며 뛰어가 막았다.

이런 기억이 아리에게 흙은 더러운 것이고, 묻으면 털어내고 씻어내야 하는 것이라는 생각을 심어 줬을 것이다. 그나마 서울에 있는 도로의 대부분은 포장이 돼 있고, 놀이터도 폴리우레탄으로 만든 바닥재가 깔려 있어 아이들이 모래나 흙을 만지며 마음껏 뛰어놀 수 있는 곳도 드물다. 아이들이 모래와 흙을 가지고 노는 것은 장난감과 비견할 수 없을 정도로 두뇌 발달에 좋다. 뇌 과학자 시노하라 박사의 말은 그런 점에서 시사하는 바가 크다.

"약간의 목적을 가지고 손으로 모래나 흙 등으로 놀이를 하면 뇌 전두엽과 두정엽에 있는 공간 인지 부분이 활발하게 움직입니다. 두뇌 훈련이 되는 거지요. 무엇보다 이런 행동은 즐거워야 합니다. 뇌 안쪽에는 도파민과 관련된 의욕 회로가 있는데 아이들이 즐겁게, 자발적으로 놀이를 하면 이곳의 활동이 활발해져요. 놀이가 재미있으면 오랫동안 뇌를 자극할 수 있고, 아이들의 의욕도 점점 커지겠죠. 그래서 아이들의 놀이는 항상 즐겁고 재미있어야 합니다."

아이의 머리를 좋게 만들고 싶은 부모의 바람은 좋은 대학 진학과 상당 부분 관련이 있다. 하지만 '공부'라는 먼 길을 가야 할 아이들에게 재미있는 놀이의 즐거움을 가르치는 것만큼 좋은 두뇌 훈련은 없는 것 같다. 아이의 지능 발달을 위해 장난감을 고르고, 아이가 좋아하는 것들을 엄마의 조바심이 가로막을 때 아이의 재능은 마음껏 활개를 칠 기회를 놓치게 된다.

엉덩이를 쳐들고 모래 장난에 푹 빠져 있는 까무잡잡한 얼굴의 세이시 유치원 아이들을 보면서 자연스럽게 세 딸의 얼굴이 오버랩됐다. 큰아이, 작은아이 할 것 없이 학원이나 책 속으로 밀어 넣기만 했을 뿐, 정작 마음과 욕심만 앞서 제대로 엄마 역할을 하지 못했다는 자괴감이 밀려들었다. 아이들은 저렇게 밝고 천진난만하게 놀면서 자라고 배우는 것인데, 아이가 걸음마를 뗄 때부터(아니, 뱃속부터라고 해야 더 정확할 것이다) 교육이라는 핑계로 얼마나 아이들을 괴롭게 했는지 생각하면 부끄러운 마음이 든다.

지금도 수많은 유아 교재와 학습 기구 앞에서 방향을 몰라 고민하고 있는 엄마가 있다면, 내 아이만은 깔끔하고 위생적으로 키우고 싶다는 단순한 논리 때문에 청결에 집착하고 있다면, 정작 '큰 것'을 놓치고 있다는 말을 해 주고 싶다. 아이들은 어리지만 생각보다 많은 것을 생각하고 느낀다. 말하지 못하는 아이들은 그것을 표현할 방법이 없기 때문에 엄마가 그 속내를 알 수가 없다. 말할 수 있는 아이들은 자신의 말이 받아들여지지 않을 것이라는 걸 알기에 표현하지 않는다. 그러나 엄마라면, 아이를 사랑한다면 '즐거움이 곧 배움'이라는 걸 알아차려야 한다.

후지산에 오르는 아이들

큰딸 보리가 일곱 살, 둘째딸 규리가 네 살 때의 일이다. 우리 부부는 한겨울에 지리산 등반에 나선 적이 있다. 성삼재까지는 차를 타고 갈 수 있겠지만 거기서 노고단 대피소까지 약 2.5킬로미터에 달하는 거리는 걸어서 가야 하는 등반이었다. 처음에는 노고단 대피소장으로 있던 남편의 지인도 만나고 지리산도 등반한다는 야무진 계획을 세웠다.

서울에서 기차를 타고 구례 역으로 향하는데 중간에 눈이 펑펑 내렸다. 눈 덮인 아름다운 지리산에 오를 생각에 우리 가족은 모두 들떠 있었다. 그런데 성삼재에 도착해 보니 기뻐할 만한 일만도 아니었다. 성삼재에서 노고단 대피소까지는 포장이 잘된 평탄한 길인데 우리 계획은 네 살짜리 규리를 유모차에 태워서 노고단까지 간다는 것이었다. 그런데 눈이 내려 유모차 바퀴가 푹푹 빠져 도무지 굴러가지 않는 게 아닌가! 결국 네 살배기 규리도 눈길을 걸어야 했다. 중간에 남편과 내가 업어 주기도 하고 규리가 걷기도 했지만 우리 부부는 완전히 기진맥진했다.

그나마 일곱 살인 보리가 잘 걸어 주는 것만 해도 우린 감지덕지였다. 이미 눈은 쌓일 만큼 쌓였지만 좀체 그칠 줄 몰랐다. 우리 가족은 모두 몸은 지칠 대로 지쳤지만 모처럼 나선 산행에서 아름다운 겨울 산과 만나니 절로 신이 나고 마음이 평온해지는 걸 느낄 수 있었다. 나무마다 눈꽃이 피어나고 이 세상이 온통 하얀 눈 속에 가둬진 것 같은 느낌, 눈밭에 누워 하늘을 보면 마치 엄마 뱃속에 있는 듯 고요하고 평안했다. 그것은 자연이 우리에게 주는 특별한 선물이었다. 하지만 그날 밤 규리는 결국 코피를 쏟고 말았다. 아무래도 네 살짜리 아이가 겨울 산행을 하기에는 체력적으로 무리였던 것이다.

그러나 세이시 유치원 아이들에게 이런 겨울 산행은 정말 가벼운 봄 소풍에 불과하다. 세이시 유치원의 아이들은 소풍 대신 등산을 간다. 그것도 해발 1,000미터에 달하는 산을 오르는 건 기본이다. 아이들이 걷는 거리는 15~20킬로미터 정도다. 유치원 아이들이 산길을 15~20킬로미터나 걷는다는 것은 풀 마라톤을 하는 것만큼이나 힘든 일이다. 세이시 유치원 아이들은 매년 스무 번 정도 산에 오르는데, 아이들이 다섯 살이 되면 오사카 주변의 해발 1,000미터의 산들은 모두 이 아이들의 발길에 정복당하는 셈이다.

원장 선생님이 아이들에게 등산을 시키는 것은 단지 아이들의 체력 단련을 목표로 하는 것이 아니다. 산에 가면 도시에서 좀처럼 보기 힘든 곤충, 새, 나무와 풀은 물론이고 가끔은 원숭이나 멧돼지 같은 큰 동물들을 만날 수 있다. 아름다운 자연을 있는 그대로 보여 줌으로써 아이들의 감수성을 키워 주는 것이 가장 큰 목적이다. 원장 선생님은 자연만큼 아이들의 감성을 풍요롭게 하는 것은 없다고 믿고 있다. 원장 선생님의 나이는 74세, 그 역시 1년에 스무 번씩 하는 등산이 너무 괴롭다며 우스갯소리를 하지만 대자연 속에서 감성이 풍부해지는 아이들의 모습을 보고 있자면 도저히 등산을 그만둘 수 없다고 말한다.

나는 정말 아이들이 무리 없이, 즐겁게 산행을 하는지 알고 싶었다. 그래서 2010년 7월 말, 취재진과 함께 세이시 유치원 아이들이 등반할 고베의 로코산(六甲山)으로 향했다. 로코산은 해발 931미터로 7월의 무더위 속에서 등반을 한다는 것은 어른에게도 여간 힘든 일이 아니다. 특히 유치원 아이들이 올라가기에는 턱없이 무리한 도전으로 보였다. 그러나 원장 선생님은 직접 아이들이 올라갈 순서를

세이시 유치원의 아이들은 소풍 대신 등산을 간다.

그것도 해발 1,000미터에 달하는 산을 오르는 게 기본이다.

다섯 살이 되면 아이들은 오사카 주변의 산은 모두 오르게 된다.

등산은 대자연 속에서 감수성을 배우는 학습 코스다.

정하기 시작했다. 먼저 자신감이 부족하거나 약한 소리를 하는 아이들을 등반 대열의 맨 앞자리에 세웠다. 그 뒤로 5세반, 4세반, 3세반, 세이시 유치원을 졸업한 초등학생 순으로 배치하고 맨 뒤에 엄마들이 따라간다.

나와 취재진은 맨 앞에 가기도 하고 맨 뒤에서 따라가기도 했다. 비록 우리는 촬영을 하면서 따라가는 처지이긴 했으나 원장 선생님과 아이들의 걸음이 워낙 빨라서 취재팀은 모두 다리가 휘청거릴 정도로 정말 부지런히 산을 올라야 했다. 유치원 엄마들도 우리와 비슷했다. 간신히 등반 대열을 헉헉거리며 따라오고 있는 상황이었다. 엄마들에게 등반 소감을 물으니 그녀들도 나와 다를 게 없었다.

"필사적으로 하고 있어요! 헉헉!"

"무지 덥네요. 등산이 너무 오랜만이라 굉장히 힘들어요! 헉헉!"

말은 그렇게 하지만 얼굴은 즐거운 표정이었다. 저렇게 잘 올라가는 아이들을 두고 엄마들이 뒤에 처져 맥을 못 춘다면 아이들에게 체면이 서질 않는다며 엄마들도 부지런히 발걸음을 옮겼다. 결국 아이들이나 엄마들 모두 중간에 포기하는 일 없이 모두 등반 코스를 무사히 끝마쳤다.

아이들은 세이시 유치원에 다니는 3년 동안 약 60여 군데의 산을 오르며 체력을 기르고 다섯 살이 되면 후지산 등반에 도전한다. 후지산이라는 말에 우리는 모두 다리에 힘이 풀렸다. 생각해 보면 알겠지만 말로만 듣던 그 후지산이다.

매일 아침 아이들이 달리기를 하고, 정기적으로 등산을 했다 하더라도 동네 야산도 아니고 해발 3,776미터에 달하는 일본에서 가장 높은 후지산을 오르다니……. 과연 제대로 된 도전인지 내 귀를 의심할 수밖에 없었다. 우리 가족부터도 해발 1,916미터인 지리산, 그것도 정상은커녕 성삼재까지는 차로 오르고 겨우 2.5킬로미터 걸어 노고단 대피소에 이르러서는 부부가 쓰러지고 아이 하나는 코피를 쏟지 않았나! 그런 아이들을 데리고 후지산에 오른다니 정상일까라는 의심마저 들었다.

후지산에 오르기 위해 아이들은 여러 가지 준비를 해야 한다. 우선 후지산 기슭에 도착해 열흘간 캠프를 한다. 캠프에서는 호수 주변을 하이킹하거나 물놀이를 한다. 하루도 아니고 열흘씩이나 유치원 아이들이 집을 떠나 캠핑하는 것이 가능할까 싶었지만 아이들도, 부모들도 천하태평이었다. 그저 취재진들만 미리부터 다리를 부들부들 떨고 있었다. 아이들이 등반하기에 앞서 미리 후지산의 품에 안겨 적응하는 것은 중요한 포인트다. 아이들이 자신감과 체력을 비축하도록 배려하는 아이디어다. 원장 선생님은 그날그날의 날씨나 아이들의 건강 상태를 체크해 가장 좋다고 판단될 때 정상 등반에 도전한다.

아이들은 먼저 해발 2,305미터 지점인 후지노미야(富士宮) 방면 고코메(伍合目)에서 산을 올라가기 시작한다. 우리나라 한라산이 1,950미터인데, 그 이상은 산소가 부족해서 호흡하기도 힘들다. 게다가 화산으로 만들어진 후지산은 다른 산과는 달리 산등성이를 가로질러 올라갔다 내려갔다 하며 정상에 오르는 것이 아니라 오로지 위로만 올라가야 해서 더욱 어렵다. 원장 선생님은 아이들이 고지에 적응하도록 하기 위해 해발 3,200미터 지점인 하치코메(八合目) 산장에서 하룻밤을 자게 한다. 그리고 다음날 새벽에 정상을 향해 아이들을 출발시킨다. 그리고 얼마 되지 않아 아이들은 후지산 정상에서 해가 뜨는 장관을 보게 된다. 후지산 정상에서 바라보는 해돋이는 어두운 세상을 밝히는 장엄한 파노라마가 따로 없다는 생각이 들게 한다. 정상에 선 자만이 누릴 수 있는 자연의 특혜에 다섯 살짜리 아이들은 흥분과 감동에 들떠 말이 많아진다.

"선생님, 여기가 일본에서 제일 높은 후지산이에요? 그럼 제가 일본에서 제일 높은 곳에 있는 거네요?"

"그렇지! 너희 힘으로 일본에서 제일 높은 곳에 올라온 거야."

아이들은 선생님의 칭찬과 대자연의 아름다움에 기분이 들뜨고, 주변의 등산객들은 3,776미터 고지에서 유치원 아이들을 만나리라곤 상상도 하지 못했기 때문에 눈이 휘둥그레진다. 누군가는 아이들에게 다가와서 악수를 하자고도 하고, 또 어떤 어른들은 아이들과 기념사진을 찍고 싶어 하고, 또 다른 이는 감동의 눈물을 흘리기도 한다. 후지산 정상에 있는 어른들은 "너희들 어떻게 올라왔니?"라고 묻기 바쁘다. 그러면 아이들은 씩씩한 목소리로 "걸어서 올라왔죠!"라고 대답한다.

아이들은 등산과 마라톤을 하면서 주변 사람들에게서 칭찬과 격려를 많이 받는다. 그러는 동안 자신감이 쌓이고, 의욕적인 아이로 성장해 간다. 그렇게 후지산 등반은 아이들에게 생애 첫 성취의 기억으로 남는다.

야호, 진흙 팩 놀이다!

　세이시 유치원 앞마당에는 가로 3미터, 세로 4미터 되는 진흙 밭이 있다. 이 진흙 밭의 한쪽 끝은 진흙을 쌓아 언덕을 만들어 놓았다. 이 진흙은 원장 선생님이 근처 산에서 퍼온 고운 진흙이다. 진흙 밭 위에는 차양을 쳐 한여름의 뜨거운 햇볕을 막아 아이들이 놀 수 있도록 그늘을 만들어 놓았다. 원장 선생님은 아침에 출근하자마자 양동이에 물을 퍼서 진흙 밭에 퍼붓는 것으로 하루 일과를 시작한다. 그리고 맨발에 반바지 차림으로 들어가 진흙이 뭉친 데 없이 풀어져 질척거릴 때까지 한동안 발로 밟고 손으로 진흙을 부드럽게 뭉개는 일을 반복한다. 완전히 진흙 연못이 될 때까지 원장 선생님은 진흙 밭 만드는 데 공을 들인다.

"진흙 밭 어때? 발도 빠지고 더러워서 싫지 않아?"

"싫기는요. 진흙 속에 들어갈 때 기분이 제일 좋은 걸요!

오후가 되면 아이들이 맨몸에 반바지 차림으로 진흙 밭 앞에 모인다. 원장 선생님은 아이들 몸에 정성스럽게 진흙을 발라 준다. 그 광경이 마치 아이들에게 선 블록을 발라 주는 것 같아 웃음이 절로 나온다. 진흙을 몸에 바른 아이들은 너나 할 것 없이 하나 둘 진흙 밭으로 뛰어든다. 아직 진흙을 바르는 순서가 돌아오지 않은 아이들은 애가 닳아 빨리 진흙 밭에 들어가고 싶다며 아우성친다.

진흙 밭에서 아이들은 얼굴 위에 진흙을 쌓기도 하고, 물속에서 수영하는 것처럼 진흙 속에서 수영하는 자세를 취하기도 한다. 어떤 아이는 진흙 언덕에서 엉덩이를 깔고 미끄럼을 타기도 하고, 또 어떤 아이는 진흙 밭에서 앞구르기를 한다. 여자아이 삼총사는 진흙 속에 온몸을 묻고 얼굴만 내놓고 논다. 마치 머리부터 발끝까지 진흙 팩을 하고 있는 모양이다. 진흙 속에 보물이라도 있는 양 얼굴을 아예 진흙에 묻는 아이도 있다. 사실 진흙은 점성이 강해 팔다리를 움직이기가 쉽지 않다. 그러나 아이들은 힘든 기색 없이 신나서 소리 지르고 깔깔거리며 진흙 밭에서 논다. 무엇이 그리 좋을까?

"진흙 밭 어때? 발도 빠지고 더러워서 싫지 않아?"

"싫기는요. 진흙 속에 들어갈 때 기분이 제일 좋은 걸요!"

깨끗하고 잘 정리된 실내 교육에 익숙한 우리 아이들과 비교하면 세이시 유치원의 진흙 밭 놀이는 놀라움 그 자체다. 아이들이 진흙 밭

"더러워진 얼굴은 씻으면 원래대로 돌아와요.

진흙 속에서 노는 건 힘들어요.

그러니까 아이들에게 시키는 거예요.

아이들은 노는 게 힘들어도 금방 익숙해져요.

마라톤과 진흙 놀이는 공통점이 있어요.

바로 아이들을 깎고 다듬는 놀이라는 거예요.

흙은 색다른 재미이자 도전이고, 자극이에요."

에 머리를 파묻고 앞으로 나아가는 모습을 보고 있자면 정말 이래도 되나 싶을 정도로 충격적이다. 그나마 세이시 유치원을 방문하려거든 마음의 준비를 든든히 하지 않으면 상당히 놀라게 될 것이라는 현지 코디의 충고를 허투루 듣지 않은 게 다행이었다. 세이시 유치원에서 우리가 본 것들은 항상 예상을 빗나가 있었다. 아이들을 진흙 밭에서 놀게 하는 데는 원장 선생님의 뚜렷한 교육 철학이 있었다.

"우리가 자라던 시절만 해도 아이들은 늘 들과 산에 둘러싸여 살았어요. 지금은 맨션이나 고층 빌딩처럼 거의 무균실 같은 환경에서 자라는 아이들이 많아요. 다들 곱고 깨끗하게 차려입을 뿐 자연과 접하지 못해요. 흙도 물도 모래도 곤충도 접하지 못하죠. 무엇보다 부모들이 아이들이 더러워지는 걸 싫어해서 아이들이 자연과 접하는 걸 막기 일쑤입니다. 하지만 우리는 원래 자연에서 왔어요. 자연을 접하며 살아야 아이들의 정서에도 균형이 생겨요. 그게 바로 자연스런 삶이에요."

하지만 자연을 가까이 하는 것이 꼭 이런 방법이어야 할까? 원장 선생님도 이런 질문을 수없이 받았다고 했다. "진흙으로 더러워진 얼굴은 씻으면 원래대로 돌아와요. 별 문제 없어요. 진흙 속에서 노는 건 힘이 들어요. 힘이 드니까 아이들에게 시키는 거예요. 아이들은 노는 게 힘들어도 금방 익숙해집니다. 마라톤과 진흙 놀이는 공통점이 있어요. 그건 바로 아이들을 깎고 다듬는 거예요. 마라톤을 하면서 아이들은 체력과 정신력을 갖게 돼요. 진흙에서 노는 것도 아이들에게는 색다른 재미이자 도전이고, 자극이에요. 우리는 끊임없이 아이들에게 도전과 자극을 주고 있는 거랍니다."

그래도 어린아이들에게 강압적이거나 스파르타식 교육이 될 수도 있다는 지적에 대해 원장 선생님의 생각은 확고했다. "얼핏 보면 스파르타식으로 보이기도 하죠. 적어도 외부에서는 그렇게 볼 수도 있어요. 아직 어린애들이니까요. 하지만 그렇지 않습니다. 나는 아이와 나 사이에 애정과 신뢰가 형성되면 그때 야단을 칩니다. 입학한 지 일 년도 안 된 세 살짜리 아이들에게는 저도 야단을 치지 않아요. 아이들이 나에게 야단맞아도 그럴만한 이유가 있다는 것을 알게 될 정도가 되어야 야단을 칠 수 있어요. 그래야 서운한 마음을 갖지 않거든요. 달리기, 진흙 놀이, 등산, 마라톤 등이 하기 싫은 아이는 강제로 시키지 않아요."

아이들은 한참 동안 진흙 놀이를 하고 나면 '볼링 샤워'라는 독특한 샤워를 한다. 서너 명 서 있는 곳에서 1미터쯤 떨어진 거리에서 원장 선생님이 한 양동이의 물을 있는 힘껏 아이들에게 퍼붓는 샤워다. 한 양동이의 물이 어찌나 센지 물세례를 받는 아이의 몸이 뒤로 밀리고 힘없는 아이는 뒤로 넘어지기까지 한다. 이 모습이 마치 볼링 같다고 해서 붙여진 이름이 볼링 샤워다. 아이들이 볼링 핀이고

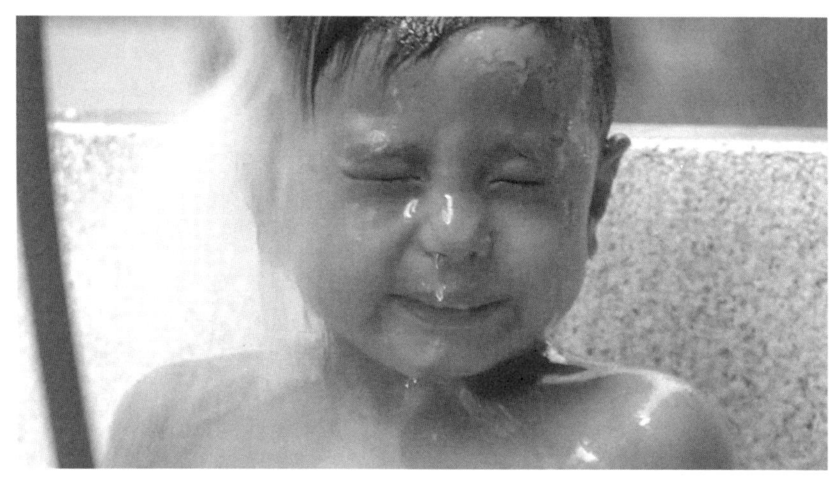

놀이를 하고 나면 아이들은 '볼링 샤워'를 한다.

아이들이 볼링 핀이고 아이들에게 쏟아지는 물세례가 볼링공이다.

물벼락에 맞아 넘어지면 기분이 상할 법도 하지만

아이들은 진짜 볼링 게임을 하는 것처럼 즐거워한다.

양동이의 물이 볼링공인 셈이다. 물벼락에 맞아 넘어지면 기분이 상할 법도 하지만 세이시 유치원 아이들은 전혀 그렇지 않다. 오히려 진짜 볼링 게임을 하는 것처럼 즐거워한다. 게다가 엄마들도 자기 아이가 물을 맞고 쓰러져도 재미있어 하는 눈치다.

카도 타쿠미의 엄마도 처음 아이가 세이시 유치원에 입학했을 때 취재진과 마찬가지로 크게 당황했다. 하지만 원장 선생님을 신뢰하기까지 그리 오랜 시간이 걸리지 않았다고 한다.

"원장 선생님이 아이들에게 애정을 가지고 교육한다는 걸 느낄 수 있었어요. 그리고 엄격함도 중요한 가치라는 것을 깨달았어요."라고 말한다. 세이시 유치원에서 만난 엄마들의 반응은 한결같았다. 전적으로 원장 선생님을 신뢰하고 도와주는 분위기다. 아이들을 한없이 뛰어놀게 만들면서도, 그 이면에 아이들이 시련과 도전을 마음속 깊은 곳에서 느낄 수 있도록 하는 세이시 유치원의 교육 철학이 옳다고 믿기 때문이다.

'물'이라는 장난감

취재진이 세이시 유치원을 방문한 때는 무더위가 극성을 부리던 7월 말이었다. 당시 오사카는 무척 더웠다. 우리는 출장으로 이곳에 나와 있지 않았다면 냉방이 잘되는 사무실에서 일하고 있을 게 분명했다. 그래서인지 언제부턴가 나뿐 아니라 대부분의 도시 사람들이 여름에도 찜통더위를 느낄 기회가 많지 않다. 오히려 한여름이면 너무 과한 냉방 탓에 감기가 걸리는 사람들이 더 많을 정도니까.

특이하게도, 세이시 유치원은 에어컨이나 선풍기 등 냉방 기구를 전혀 사용하지 않는다. 유치원이 생긴 이래로 단 한 번도 냉방 기구를 사용하지 않았다니 놀라웠다. 세이시 유치원이 푹푹 찌는 한여름에도 냉방 기구를 가동하지 않는 이유는 아이들이 더위를 온몸으로 느끼며 이겨낼 수 있는 힘을 길러 주기 위해서다. 사실 여름에는 주로 야외 수업과 활동을 하기 때문에 아이들이 더위를 느낄 겨를조차 없기도 하다. 그나마 아이들을 교실에서 볼 수 있을 때가 가방을 사물함에 넣기 위해 들어올 때가 전부다.

달리기와 자유 놀이로 채워진 오전의 커리큘럼이 마무리되면 오전 11시부터 물놀이가 시작된다. 일본은 섬나라라는 특성상 수영을 매우 중요하게 생각한다. 우리와는 달리 일본은 유치원이라면 당연히 수영장을 갖추고 있어야 하고, 수영은 누구나 다 할 줄 알아야 하는 중요한 활동으로 생각한다. 아이들을 따라 유치원 옥상으로 올라가니 가로 3미터, 세로 6미터 크기의 큰 수영장과 가로 1미터, 세로 2미터 크기의 작은 수영장이 있었다. 작은 수영장에서는 세 살배기 아이들이 놀고 큰 수영장에서는 네다섯 살 아이들과 세이시 유치원을 졸업한 초등학생들이 수영을 한다.

세이시 유치원에서 물은 흙과 더불어 아이들의 좋은 장난감이자 교육 도구이다. 아이들은 흙을 가지고 놀 때만큼 시간 가는 줄 모르고 논다. 아이들은 물을 장난감처럼 가지고 놀지만 그 과정에서 물이 아이들의 온몸의 감각을 자극해 두뇌 활동을 촉진시킨다. 원장 선생님은 물놀이의 장점을 이렇게 설명한다.

"아이들은 천성적으로 물을 좋아해요. 바다 '해(海)' 자를 보면 '물

세이시 유치원에서는 수영하는 아이들을

초급, 중급, 고급으로 나누지 않고 모두 한 반으로 가르친다.

내 옆에 나보다 잘하는 아이도 있고,

나랑 비슷한 아이도 있고,

나보다 못하는 아이들도 열심히 수영하고 있다.

이것만큼 편하고 즐거운 물놀이가 있을까?

수(水)' 자와 어머니 '모(母)' 자가 합쳐져 있잖아요. 우리들은 어머니 뱃속에서, 그러니까 물속에 있다가 세상 밖으로 나와요. 우리 몸의 기원이 물이라고 할 수 있어요. 또 우리 몸의 칠십 퍼센트가 수분이에요. 이러니 물에서 노는 게 편안하고 즐거운 건 당연해요. 물에서 놀면 물이 온몸을 자극해요. 몸의 어느 한 군데라도 빠뜨리지 않고 물이 자극하는 거죠. 물은 오감은 물론이고 머리까지 발달시켜요. 어떤 비싼 장난감과도 바꿀 수 없는 최고의 놀잇거리가 바로 물입니다."

세이시 유치원은 아이들에게 거의 1년 내내 물놀이를 시킨다. 찬바람이 가시기 전인 3월부터 시작해 초겨울까지 물놀이를 한다. 아주 추운 한겨울에는 마당에 있는 우물물을 가지고 논다. 물놀이에 익숙한 아이들이라 미지근한 우물물로도 충분히 재미있는 물놀이를 즐길 수 있다. 세이시 유치원의 아이들은 일 년 내내 물과 함께 놀이하고 온몸을 자극받는다.

이곳 수영장에는 원장 선생님이 직접 만들어 놓은 나무 미끄럼틀이 있다. 미끄럼틀의 한 면은 계단이고 다른 한 면은 경사판이다. 여느 수영장과 달리 경사면에 장판 같은 것을 깔아 아이들이 다양한 동작으로 내려와도 다치지 않도록 만들어 놓았다. 어떤 아이는 양반다리 자세를 하고 팔짱을 낀 채 미끄럼틀을 내려오기도 하고, 또 어떤 아이는 배를 깔고 엎드려서 내려오기도 한다. 반대로 거꾸로 앉아 미끄럼틀을 내려오기도 하고, 한 다리와 한 팔을 들고 마치 곡예하듯 다양한 자세로 물 미끄럼틀을 탄다.

미끄럼틀 경사판 중간 중간에 고무 매트를 깔아 계곡처럼 'S' 자 길을 만들기도 하고 간혹 장애물을 만들기도 하는데, 무엇이 됐든 아이들은 즐거운 비명을 지르며 장애물을 넘는다. 미끄럼틀을 이용해서 물에 적응하고 나면 아이들은 본격적으로 수영장에서 논다. 이때도 그냥 하는 법 없이 여러 가지 도구를 이용해서 노는데, 이 역시 아이들 수준에 맞춰 선생님들이 직접 생각해 낸 방법들이다. 페트병 하나를 붙잡고 수영하는 아이가 있는가 하면 길고 두꺼운 봉을 잡고 수영하는 아이도 있다. 초등학생들까지 뛰어들면 한 수영장 내에서도 아이들 수영 수준이 천차만별이다. 그래도 세이시 유치원 선생님들은 수영하는 아이들을 초급, 중급, 고급으로 나누지 않고 모두 한 반으로 가르친다. 취재진은 그것이 더 나은 방법이라는 걸 처음부터 알 수 있었다.

'내 옆에 나보다 잘하는 아이도 있고 나랑 비슷한 아이도 있고 나보다 못하는 아이들도 열심히 수영하고 있다.' 이것만큼 마음 편하고 즐거운 물놀이가 있을까? 아이들은 처음에 고무 매트를 잡고 수영하다가 점점 더 잘하게 되면 페트병을 잡고 수영한다. 페트병을 잡고 수영하는 게 잘 안 되면 좀 더 큰 페트병을 잡든가 페트병 두 개를 한꺼번에 잡고 수영하기도 한다. 만약 수영한 지 하루 만에 페트

세이시 유치원의 수영장 미끄럼틀은 다양한 용도를 자랑한다.

물에 대한 두려움을 없애는 것이 첫 번째이고,

다양한 포즈로 미끄러짐으로써 물과 친해지는 것이 두 번째다.

일단 미끄럼틀을 이용해 물에 적응한 아이들은

본격적으로 수영을 즐기게 된다.

병을 잡고 잘하는 아이가 있다면 다음날엔 아무것도 잡지 않고 수영하도록 유도한다. 모두 제각각 수영을 하지만 수영을 배우는 모든 아이의 수준에 맞춰 일대일 강습이 알게 모르게 진행되고 있는 것이다. 사실 선생님은 한 아이 한 아이에 신경 써야 하니 무척 바쁘다. 하지만 아이 입장에서는 자신의 수영 수준에 맞게 배울 수 있어서 좋고, 무엇보다 즐겁게 수영할 수 있는 것이 정말 즐겁다.

우리 아이들도 수영 강습에 보낸 적이 있다. 그러나 이곳 아이들과는 달리 딸들은 수영 배우러 가는 걸 정말 질색했다. 결국 혼자서 자유자재로 수영할 수 있는 단계까지 가지 못하고 중간에 포기할 수밖에 없었다. 나는 '왜 아이들이 이렇게까지 수영을 싫어할까?' 곰곰이 생각했다. 그리고 아이들의 수영장 강습을 지켜보면서 문제의 원인을 알 수 있었다. 일반적으로 한국의 수영 교습은 수준이 비슷한 아이들을 한 반으로 묶어 지도한다.

아이들은 신체 발달 과정상 진도가 빠른 아이가 있고 느린 아이도 있게 마련이다. 아쉽게도 우리 집 딸들은 운동신경이 둔해서 수영 교습 진도를 따라잡는 데 애를 먹었다. 하지만 초급반은 처음부터 끝까지 똑같은 도구와 똑같은 템포로 수영 교습을 시키고 있었다. 중간 수준쯤 되는 아이들에게 맞춰 수영 교습이 진행되고 있는 듯했다. 그러니 중간 아이들을 제외하면 수영을 더 잘하는 아이와 중간 수준에서 처지는 아이 모두 수영이 재미없는 것이다. 특히 수영을 잘 못하는 아이라면 경우에 따라서 이런 상황이 무척 끔찍할 수도 있을 것이다.

나는 아이들이 수영을 하지 못하는 것보다 선생님들이 아이 하나하나를 바라보지 않는 것이 더 속상했다. 무엇이든 평균에 맞춰 가르치는 것이 과연 맞는 교육일까? 모든 아이들은 발달에서 개인차가 난다. 단지 수영뿐 아니라 모든 교육에서 가르치는 선생님에 따라 아이들의 학습 효과와 결과가 달라진다.

아이가 배우는 과정에서 열등감 없이 잘할 수 있다는 믿음이 있을 때 자연스럽게 이를 배우고 자신의 것으로 받아들일 수 있다. 세이시 유치원의 아이들은 수영을 배울 때도 스트레스받지 않고 물놀이를 자연스럽게 배우고 즐기는 환경에 놓여 있었다. 무엇보다 선생님들은 아이들의 수준에 맞춰 수영을 배울 수 있도록 하기 위해 아이들이 움직이는 모습이나 물놀이 패턴을 놓치지 않으려고 세심하게 관찰하고 있었다. 나는 이런 것들이 부럽고 또 부러웠다.

장난감을 버려라

아이를 키우고 있는 집이라면 발에 차이는 것이 장난감이고 그것과 유사한 종류의 잔해일 것이다. 아이가 셋인 우리 집도 예외가 아니어서 장난감이 많은 편이다. 큰딸과 둘째딸은 장난감을 가지고 놀 나이가 지났지만 막내딸은 아직도 장난감 욕심이 많다. 텔레비전 광고를 봐도, 마트에 가도, 문방구를 가도, 보이는 대로 장난감을 사달라고 졸라댄다.

장난감이 아이들의 상상력과 창의력 발달을 막는다는 얘기를 자주 접한 터라 되도록 안 사 주려고 노력하지만 가지고 놀 장난감이 없으면 막내딸은 DVD를 보거나 휴대전화를 가지고 놀겠다며 떼를 쓴다. 결국 장난감 없이 아이를 놀게 할 방법이 딱히 없는 터라 장난감을 사 주고 마는데, 진짜 문제는 그렇게 장난감을 사도 하루 이틀 정도 가지고 놀다 금세 쳐다보지도 않는다는 것이다. 세이시 유치원에는 장난감이 없다. 원장 선생님은 심지어 집에 있는 장난감까지 모두 치우라고 말한다.

"아무리 수백만 원짜리 장난감을 사 줘도 아이들이 가지고 노는 건 처음 잠깐뿐이에요. 금방 싫증을 내지요. 차라리 저는 부모님들에게 집에 있는 장난감을 모두 치우는 게 아이들에게 훨씬 낫다고 말합니다. 비싼 장난감 대신 흙과 물을 가지고 놀게 하세요. 아이들은 결코 흙과 물에 싫증을 내지 않아요."

세이시 유치원의 아이들은 모래 놀이를 하면서 많은 시간을 보내는데 이 놀이도 단순히 즐기지만은 않는다. 모래 놀이에는 반드시 물이 필요하다. 물이 있어야 모래로 이런저런 원하는 모양을 만들 수 있기 때문이다. 그런데 아이들이 모래 놀이터로 물을 가지고 가는 방법이 참 독특하다. 유치원에서는 수도꼭지에서 곧바로 양동이에 물을 받아 모래 놀이터로 가져갈 수 없도록 해 놓았다. 수도꼭지와 호스를 연결해 세 개의 큰 물통에 물을 받도록 구성해 놓았다. 즉, 아이들은 협력해야 물을 얻을 수 있는 것이다.

누군가는 호스 끝이 물통을 향하도록 잡아 주어야 커다란 양동이를 물로 채울 수 있고, 양동이의 물도 서로 협력해서 들고 가야 모래

"모래 놀이도 단순하게 즐길 수 없어요.

물이 있어야 모래로 이런저런 원하는 모양을 만들 수 있어요.

그래서 우리는 서로 협동하고 부탁하는 법을 연습해요.

물을 퍼 나르는 건 혼자서 할 수 없는 일이거든요."

놀이터로 가져갈 수 있다. 이때 아이들은 서로 협동하는 방법과 남에게 부탁하는 연습도 하게 된다. 취재진은 아이들이 어떻게 물을 모래 놀이터로 옮겨가는지 지켜보았다.

물통 옆에는 폐품을 이용한 놀이 도구들이 많다. 컵, 빈 약병, 조리개, 주전자, 다양한 크기의 페트병들이 잔뜩 쌓여 있다. 아이들은 컵이나 약병 등으로 물을 떠서 페트병을 가득 채웠다. 그러고는 조심조심 온 신경을 집중해서 열심히 물을 놀이터로 날랐다. 아이들이 손끝에 온 신경을 집중시키는 행동은 두뇌와 신경을 자극한다. 손을 이용한 놀이가 많아지면 그만큼 두뇌와 정서 발달에 도움이 되는 것이다. 아이들 머리를 발달시킨답시고 기껏해야 퍼즐 맞추기나 블록 쌓기만 했던 내 생각이 얼마나 좁은 것인지 이제야 알 수 있었다. 모래 놀이터로 물을 조심조심 옮기는 아이들의 표정을 보고 있자면 그 진지함에 웃을 수조차 없다. 아이들은 조금이라도 물이 흘러내리지 않도록 여간 주의를 집중하는 게 아니었다.

어른들이 조금만 생각하고 주변 조건을 갖춰 놓으면 아이들은 자연스럽게 손과 머리를 써서 놀이에 집중한다. 그뿐만 아니라 반복되는 놀이 과정에서 폐품을 재활용하다 보면 아이들의 환경 의식을 높이는 데도 도움이 된다. 세이시 유치원 앞마당에서 소꿉장난을 하고 있는 아이들의 손에는 우리가 흔히 문방구에서 살 수 있는 장난감들

"장난감 배는 기껏해야 배일 뿐이에요.

장난감 차 역시 차일 뿐이에요.

하지만 페트병이나 플라스틱 조각, 나무토막들은

배도 되고 차도 될 수 있어요.

장난감은 없는 편이 더 좋아요."

은 하나도 볼 수 없다. 아이들은 찌그러진 냄비, 그릇, 나무 조각, 폐품들만 가지고 놀 따름이다. 그래도 아이들은 무척 재미있게 놀이에 빠져 있다. 장난감에 대한 원장 선생님의 생각도 재미있다.

"소꿉놀이에서 장난감 배는 기껏해야 배밖에 될 수 없어요. 장난감 차 역시 차라는 용도 외에는 달리 사용할 데가 없어요. 하지만 나무토막들은 배도 되고 차도 될 수 있어요. 아이들은 이 나무토막으로 마음껏 상상력을 발휘하면서 가지고 놀 수 있어요. 차라리 장난감은 아이들에게 없는 편이 더 도움이 된답니다."

세이시 유치원 마당에는 작은 집이 몇 채 있다. 크기는 작지만 꽤 그럴듯한 나무집이다. 이 나무집의 역사는 20년이 훌쩍 넘는다. 20년 전 이곳에 다니던 세이시 유치원 아이들이 직접 만든 집들이다. 당시 세이시 유치원 졸업전시회의 주제는 '집'이었다. 무언가 특별한 추억을 원했던 아이들은 장난감 집이 아니라 진짜 자신들이 좋아하는 집을 만들고 싶어 했다. 아이를 키워 본 사람들이라면 아이들이 이상하리만큼 좁은 공간을 좋아한다는 사실을 알 것이다. 아이들은 자신만의 공간을 갖고 싶어 한다. 꼭 숨바꼭질할 때가 아니어도 책상 아래 빈 공간이나 옷장 안에 들어가 노는 걸 좋아한다.

이것은 아이들이 자기 방을 갖기를 원하는 것과는 또 다른 욕구로 볼 수 있다. 좁고 비밀스러운 '그들만의 아지트', 유치원 앞마당에 있는 나무집들은 그런 욕구와 맞닿아 있다. 처음에는 큰 종이상자로 집을 짓기 시작한 아이들은 비가 와서 종이집이 무너지자 비에도 쉽게 무너지지 않는 나무로 다시 집을 만들기 시작했다고 한다. 그래서인지 지금의 세이시 유치원 아이들은 만든 지 20년도 더 지난 이 집을 가장 좋아한다. 그리고 이 집에서 노는 걸 가장 즐거워한다.

이 집을 어디에 두는가 하는 것도 전적으로 아이들의 결정에 달려 있다. 아이들은 집이 모래 놀이터에서 가까워야 하고, 하나하나 멀찍이 떼어 놓는 것보다 두 채를 나란히 놓는 것이 좋다고 생각한 것 같다. 두 집이 각자 공간을 가지고 있으면서도 서로 이웃이 될 수 있기 때문이다. 새로 입학한 아이들은 이 집을 보면서 장차 자신들도 이런 집을 만들겠다는 목표를 세운다. 집을 스스로 만들게 되면 그 자부심이 아이들을 성장하게 만든다. 실제로 대부분의 아이들이 자신의 집을 만드는 데 성공한다.

장난감이라곤 하나도 없는 유치원, 그렇지만 아이들이 노는 환경은 그 어느 곳보다 좋은 유치원, 숨어서 놀 수 있는 나무집도 있고 모래 놀이터도 있고, 수영장도 있고, 진흙 밭도 있다. 아이들에게 좋은 최상의 교육 환경이란 바로 이런 곳이 아닐까? 시노하라 기쿠노리 박사는 쥐 실험에서 물과 흙이 풍부한 환경에서 자란 쥐의 뇌 용량은 그렇지 못한 쥐보다 훨씬 크고 두뇌 테스트에서도 우수한 결과를

나무집은 아이들이 자기 방을 갖기를 원하는 것과는 또 다른 욕구다.

좁고 비밀스러운 '아이들만의 아지트',

세이시 유치원 앞마당에 있는 20년 된 나무집들은

그런 욕구와 맞닿아 있다.

얻었다고 한다. 그리고 우리가 가진 선입견과는 달리 모든 것이 완성된 환경보다 물과 흙이 풍부한 곳이 더 좋은 교육 환경이라고 힘줘 말한다.

"이런 환경을 '인리치(Enrich)'한 환경, 즉 풍요로운 환경이라고 말합니다. 자신의 뜻대로 원하는 것을 마음대로 해 볼 수 있는 환경은 아이의 성장에 있어서 매우 중요합니다."

장난감 없이 풍요로운 환경을 만들어 주는 일은 장난감을 사 주는 것보다 어려운 일이다. 돈이 많이 들지는 않지만 세심하게 따져야 할 것이 많고 아이가 싫증내지 않고 놀 수 있는 환경을 만들어 줘야 한다. 아이들에게 장난감 없이 풍요로운 환경을 만들어 주는 일은 장난감을 사 주는 것보다 쉽다. 그런 환경 속에서 노는 아이들은 계속해서 부모가 뭘 해 주지 않아도 잘 논다. 아이 스스로 생각하면서 노는 방법을 익히는 것, 이것이 모든 부모가 바라는 것 아닐까? 지금부터라도 집에 있는 아이들 장난감부터 없애자. 그것은 아이들을 더욱 갈증 나게 만들고 소유에 집착하게 만든다. 장난감은 무엇보다 아이들의 창의력을 빼앗는다.

평발, 아토피를 모르는 아이들

세이시 유치원 아이들은 1년 내내 달리고 놀고 걷는 것투성이다. 아침에 등원하면 3킬로미터를 달리는 것부터 시작해 모래 놀이터에서 놀고 수영장에서 논다. 1년에 스무 번씩 해발 1,000미터의 산에 오를 뿐 아니라 42.195킬로미터에 달하는 마라톤 완주하는 것도 모자라 3,776미터를 걸어 후지산 정상에 오르기도 한다. 이런 활동들은 여름에만 이뤄지는 것이 아니라 한겨울까지 이어진다.

세이시 유치원 아이들은 11월까지 매일 아침 웃통을 벗고 맨발로 달린다. 한겨울에만 반팔 셔츠에, 맨발에 운동화 차림으로 달린다. 추위에 약한 아이들은 점퍼를 입고 달리기도 한다. 하지만 달리기를 시작하면 많은 아이들이 신발과 점퍼를 벗어젖힌다. 덕분에 세이시 유치원에는 밥투정하는 아이도 없고 아토피 질환으로 고생하는 아이도 없다. 아이들은 웬만한 더위나 추위도 타지 않고 감기에도 잘 걸리지 않는다. 어쩌다 감기에 걸려도 금방 낫는다.

최근 한국에서는 '가난 병'이라는 불리는 구루병이 사회적인 이슈가 되기도 했다. 구루병은 비타민 D 결핍에 따른 증상으로 뼈의 성장에 결함이 생겨 뼈가 굽는 병이다. 적절하게 햇볕을 쬐거나 우유 등을 통해 충분히 예방 가능한 질병이지만 임신 중 산모나 아이들이 햇볕을 충분히 쬐는 경우가 드물다 보니 구루병이 늘어난 것이다. 아이들의 피부가 햇볕에 타는 것을 꺼려하는 학부모들의 생각과 습관도 이에 한몫한 것만은 부인할 수 없을 것이다.

세이시 유치원 아이들에게는 구루병은커녕 환경적 요인으로 발생하는 질병을 찾아볼 수 없다. 맨발로 매일 뛰어다니는 아이들은 기억력뿐 아니라 몸도 튼튼하다. 우리 취재진은 줄곧 세이시 유치원 아이들의 발을 관찰했는데, 특이할 만한 것은 3세 아이와 5세 아이의 발이 아주 많은 차이가 난다는 사실이다. 유치원에 갓 입학한 세 살배기 아이들은 맨발로 유치원 생활을 한 시간도 적고 맨발 달리기를 많이 하지 않은 탓에 발바닥이 평평하고 말랑말랑한 편이다. 그러나 다섯 살짜리 아이들은 맨발로 달리고 걸은 거리가 수천 킬로미터에 달한다.

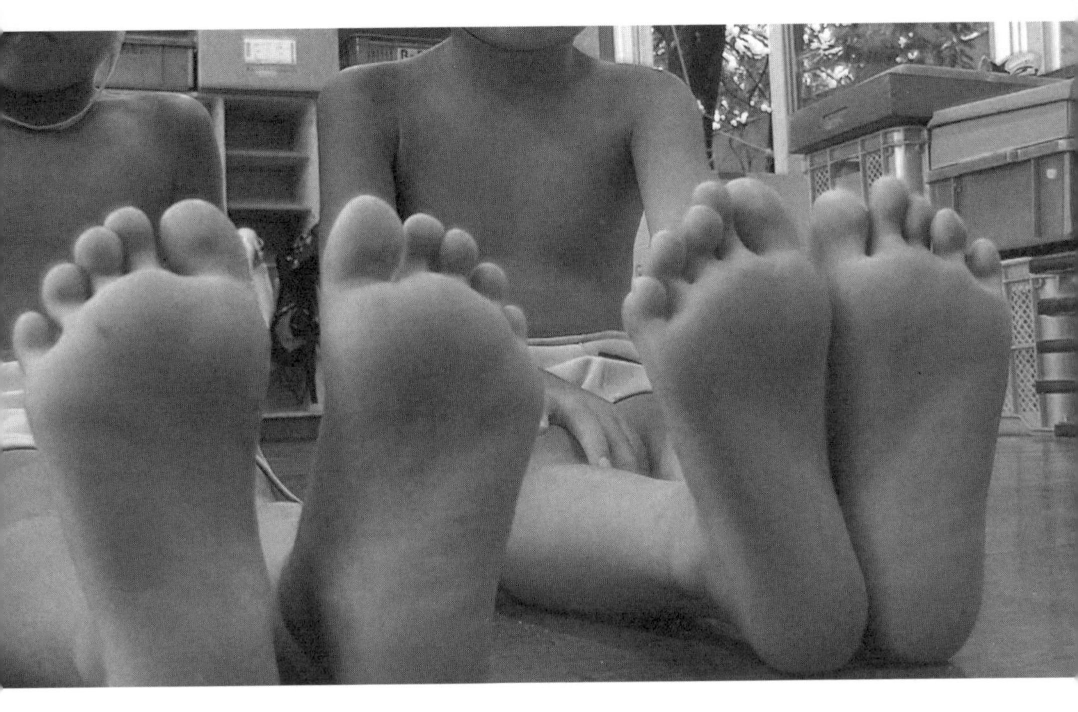

"저는 세이시 유치원에 입학하기 전엔 평발이었대요.

그런데 졸업할 때 저는 더 이상 평발이 아니었어요.

바로 아치형 홈이 깊게 패인 거 보이시죠?"

발바닥에 아치형 홈이 깊게 패여 있고 어른 발만큼이나 단단하다. 심지어 평발 때문에 조금만 걸어도 힘들어하던 아이도 1년 4개월 만에 평발의 흔적이 사라졌다고 한다. 다섯 살짜리 아이들은 발바닥이 웬만큼 단단해져서 돌 위를 걸어도 아프지 않다고 한다.

그렇다고 세이시 유치원에서 단련된 아이들이 평발만 나아지는 게 아니다. 취재진이 만난 아이들 중에는 선천적 다리 장애를 극복한 아이도 있었다. 태어나자마자 깁스를 하고 1개월 때부터 시작해 유치원에 입학하던 세 살 때까지 교정 신발을 신었던 아이가 있다. 우쿄의 부모님은 고민도 많이 했지만 세이시 유치원의 방식대로 우쿄의 교정 신발을 벗기고 아침마다 맨발로 달리기하고 등산도 빠짐없이 참가하도록 아이를 독려했다.

그리고 결과는 놀라웠다. 우쿄의 발이 거의 정상에 가깝게 펴졌고, 걷고 달리고 생활하는 데 불편이 없을 만큼 건강해졌다. 지금은 1년에 한 번 정도 병원에 가서 상태만 확인할 뿐 별다른 이상이 발견되지 않을 만큼 다리가 좋아졌다. 취재진도 우쿄를 만나 자세히 살펴봐야 다리가 약간 휘어 있다는 걸 알아차릴 수 있을 만큼 상태가 좋아 보였다. 아침 달리기 때나 등산할 때 우쿄를 따라다니며 촬영했지만 아이는 힘든 내색 없이 모든 걸 잘하고 있었다.

세이시 유치원에는 아토피는 물론 천식도 없다. 아토피나 천식으

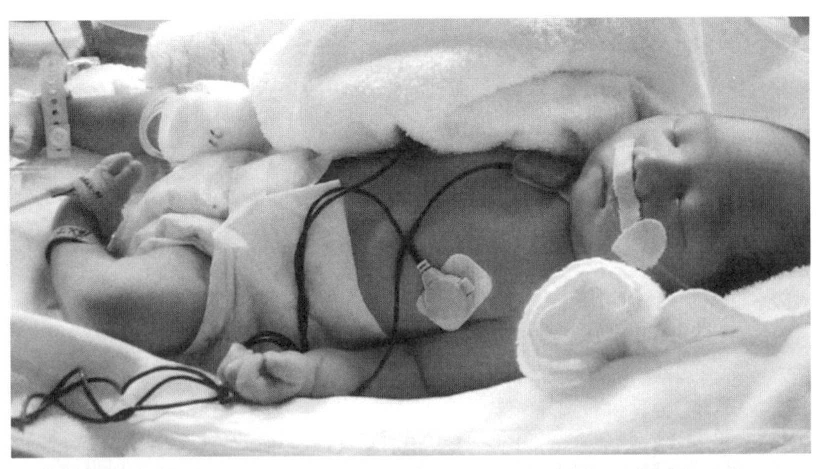

2004년, 구라시타 우쿄는
발목이 90도로 휘어서 펴지지 않는 발을 가지고 태어났다.
그러나 우쿄는 세 살 때 세이시 유치원에 입학하면서
선천적 다리 장애를 극복했다.

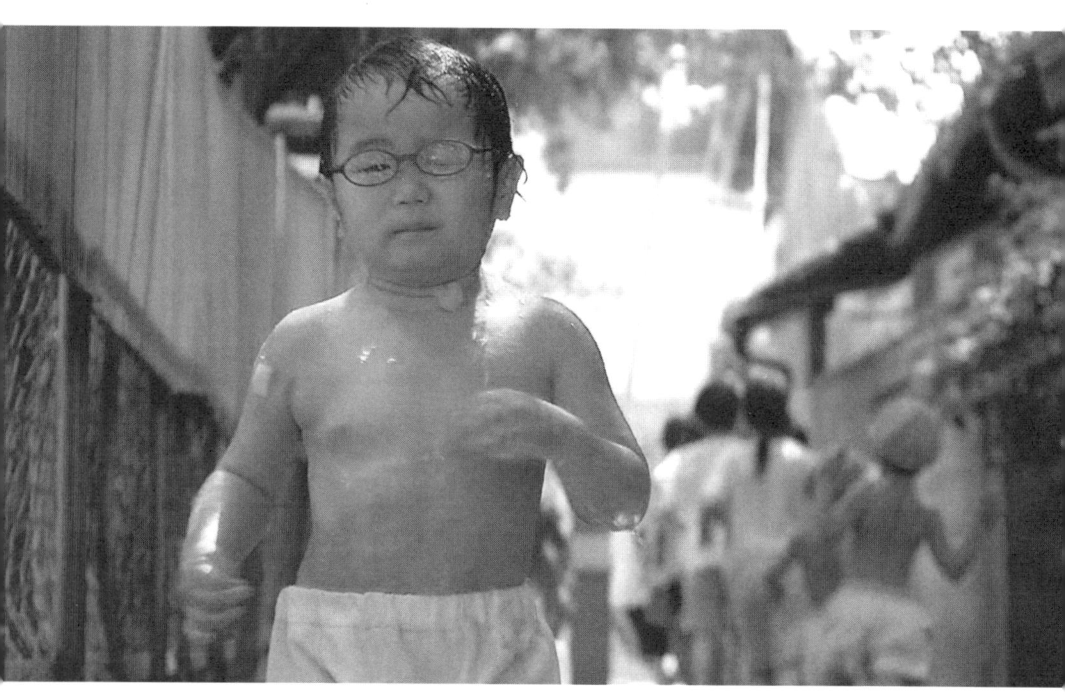

세이시 유치원 아이들은 아토피는 물론 천식도 없다.

아토피나 천식으로 고생하는 아이들도

졸업할 때쯤이면 건강하게 유치원을 나선다.

그저 다른 아이들과 뛰어놀고 어울리면

아토피 알레르기가 절로 사라진다.

로 고생했던 아이들도 졸업할 때쯤이면 건강하게 유치원을 나선다. 특별한 치료법이 있는 것도 아니고 그저 다른 아이들과 뛰어놀고 어울리면 아토피 알레르기가 절로 사라진다는 믿음을 이곳 유치원 선생님들은 가지고 있었다.

히라야 하나는 생후 3개월부터 아토피와 천식 증상이 나타났다고 한다. 하나의 부모님은 여러 유치원을 검토하다가 결국 세이시 유치원으로 마음을 정했다고 했다. 입학하기 전에 여기저기 유치원들을 방문해 비교한 끝에 세이시 유치원의 자연 친화적인 교육 과정에 반해 입학을 결정했다고 한다.

하나 엄마의 마음을 가장 강하게 끌었던 것은 매일 아침 달리기와 진흙 놀이였다. 하나 엄마는 아이가 고통스러워하는 아토피 알레르기가 세이시 유치원에서라면 반드시 나아질 거라고 생각했단다. 그리고 하나 엄마의 선택은 옳았다. 입학한 지 1년 4개월이 지난 하나는 아토피와 천식이 눈에 띄게 나아졌다. 게다가 허약했던 기초 체력까지 높아진 걸 한눈으로 확인할 수 있었다.

하나와 마찬가지로 유치원 아이들은 입학하기 전부터 아토피 알레르기로 고생하는 경우가 많다. 아토피 때문에 약을 달고 살던 아이들도 세이시 유치원에 입학하고 난 후에는 우유, 콩, 달걀 등을 먹을 수 있게 되고 스테로이드 계열의 약도 전혀 안 쓰게 된다. 달리기와 온몸에 진흙을 바르고 노는 진흙 놀이가 약을 필요 없게 만든 것이다. 또 편식하는 습관도 사라진다. 물론 하루아침에 모든 것이 바뀌지는 않지만 졸업할 땐 모두 밝고 건강한 모습이 되는 것만은 부인할 수 없는 사실이다.

나는 진심으로 우리 딸들 곁에도 세이시 유치원 같은 유치원이 있으면 좋겠다는 생각을 했다. 비좁은 공간에 그나마 남는 공간도 놀이기구로 가득한 한국의 유치원을 떠올리면 정말 비교돼도 한참 비교된다. 아이들이 마음껏 뛰어놀기에는 흙도 물도 나무도 너무나 부족하다. 아마도 세이시 유치원과 조금이라도 닮은 곳이 있다면 우리 집 딸아이들을 모두 그곳으로 보냈을 것이다. 또 다른 한편으로는 아이를 위해 그런 유치원이 있는지 찾으려는 노력은 해보았는지도 반성하지 않을 수 없었다.

지금에서야 털어놓지만 한국 부모의 유치원 선택 기준은 남편의 경제 사정과 부부의 직장생활 패턴에 따라 크게 무리가 가지 않는 수준에서 고르는 게 사실이다. 순전히 부모 입장에서, 아이의 적성이나 취향은 생각하지도 않고 부모의 참여를 많이 요구하지 않는 유치원을 고르는 게 일반적이다. 그렇다고 아이들이 다니는 유치원에 좋은 학습법을 건의해 본 적도 없다. 지레짐작으로 받아들여지지 않을 거라 생각하는 소심함과 아이와 선생님 사이를 불편하게 만들고 싶지 않은 이기심까지 합쳐져 한국 엄마들은 적당한 선에서 참고 눈을 감는다.

세이시 유치원의 원장 선생님처럼 알아서, 소신껏 아이들을 대하는 선생님이 많아지는 것이 가장 좋겠지만 이도저도 아니라면 적어도 유치원에 대해 방관하는 자세를 취하는 것은 지양해야 한다. 그런 태도가 아이들에게 그대로 영향이 미칠 수도 있을 것이다. 적어도 내 아이의 유치원을 어떤 곳으로 정해야 하는지, 그리고 모든 유치원이 훌륭할 수 없는 게 현실이라면 내 아이가 다니고 있는 유치원을 좀 더 좋은 곳으로 만들 수 있는 노력들은 해 봐야 할 것 같다. 그것은 방관자적인 자세나 이기적인 자세를 떠나 모두에게 이로운 길이기 때문이다. 그리고 이 이로운 경험은 세대를 거쳐 더 이롭게 변화할 수 있다. 지금은 그런 시도를 해야 할 때다.

한국 유치원에 운동장이 없다고요?

　나는 EBS 〈세계의 교육 현장〉이라는 프로그램을 위해 약 스무 곳에 달하는 일본의 유치원을 취재했고 여덟 곳은 직접 취재진들과 함께 현지에 가서 촬영했다. 이 과정에서 나는 특별한 것을 알아차리게 되었는데, 우리가 간 일본의 모든 유치원에 운동장이 있다는 사실이었다. 그것도 유치원 건물보다 훨씬 더 큰 운동장 말이다. 그렇다고 이들 유치원이 땅값이 싼 시골에 있는 것만도 아니었다. 우리가 취재한 유치원의 절반 이상이 도쿄와 교토, 오사카 등지의 대도시에 있었다. 유치원들이 그저 땅값이 싸서 큰 운동장을 소유하고 있는 것도 아니었다. 일본의 유치원에 운동장이 있는 것은 한국의 초등학교에 교실이 있는 것과 마찬가지로 일본에서는 너무나 당연한 일(한국인의 눈에

'지금의 나'를 만든 것의 절반 이상은

초등학생 때 운동장에서 뛰어논 그 시간들 때문이라고 단언할 수 있다.

나 혼자서만 그런 기억을 갖고 있는 건 아닐 것이다.

왜 우리 어른들은 유치원에 운동장이 없는 것을

당연하게 받아들였을까?

만 생소할 뿐!)이다.

내가 일본 유치원 관계자들에게 한국의 유치원에는 운동장이 없다고 말하자 하나같이 놀란 얼굴로 되물었다. "유치원에 운동장이 없다고요? 그럼 아이들은 어떡해요? 어디서 놀아요?" 나는 딱히 대답할 말이 떠오르지 않았다. 그네들에게 일일이 한국 유치원의 실상을, 운동장이 없는(어디 운동장만 없겠는가!) 유치원을 설명하는 건 불가능해 보였다.

우리 집 막내도 운동장이 없는 유치원에 다닌다. 유치원 건물 앞에 놀이터가 있기는 하지만 놀이기구가 공간을 다 차지하고 있고, 그나마 빈 공간도 바닥이 모두 폴리우레탄으로 덮여 있다. 온종일 아이들은 한 번도 제대로 된 땅을 밟을 기회가 없다. 놀이터 환경이 이러한대도 아이들과 놀이터에서 논 날은 어김없이 집에서 이렇게 이야기한다.

"엄마, 나 오늘 놀이터에서 놀았는데 재미있었어. 미끄럼도 타고 그네도 탔어. 더 놀고 싶은데 선생님이 들어가야 한다고 해서 시소는 못 탔어. 다음번에는 시소 먼저 타야지."

사실 일본 유치원들을 취재하기 전까지는 딸의 말이 그리 가슴 아픈 말인 줄 몰랐다. 몇몇 공동 육아를 하는 유치원이나 생태 유치원이 아니고서는 다들 사정이 비슷할 거라고 추측만 했을 뿐이다. 아니, 막내딸이 다니는 유치원보다 더 열악한 유치원들도 많을 것이다. 당장 주변만 둘러보더라도 빽빽한 상가 건물에 갇혀 있는 유치원 간판을 어렵지 않게 찾을 수 있다. 건물이 다닥다닥 붙어 있는 도심의 유치원에 실외 놀이터가 있을 리 만무하다. 왜 우리는 유치원에 운동장이 없는 것을 당연하게 받아들였을까?

어린 시절의 나는 또래 친구들처럼 유치원을 다니지 않았다. 집에서 엄마에게 숫자나 내 이름 쓰는 것 정도만 배우고 대부분의 시간을 동네 친구들과 어울려 놀다가 여덟 살에 초등학교에 들어갔다. 집에서 놀 때나 마을 공터에서 놀 때나 나는 언제든지 흙을 밟으며 신나게 뛰어놀았고, 초등학생이 되고 나서도 마음껏 놀았다. 초등학교에는 뛰어놀 운동장도 있고 친구들도 많았으니까. 일주일에 한 번 월요일에는 운동장에서 조회를 했다. 나는 그 시간을 좋아했다. 조회 때문이 아니라 조회 전에 운동장에서 한 시간 정도 놀 수 있었기 때문이다.

조회 때는 1학년부터 6학년까지 전교생이 모두 운동장에서 놀았다. 나는 친구들과 고무줄놀이도 하고, 오재미를 던지기도 하고, 얼음땡을 하며 땀에 흠뻑 젖은 것도 모를 정도로 신나게 놀았다. 일주일에 한 번 돌아오는 조회 시간으로도 모자라 수업이 끝나면 학교에 남아 친구들과 운동장에서 다시 놀았다. 지금 생각해도 얼마나 즐겁고 행복한 기억인지 모른다. '지금의 나'를 만든 것의 절반 이상이 초 등학생 때 운동장에서 뛰어논 그 시간들이라고 단언할 수 있다. 나 혼자만 그런 기억을 갖고 있지는 않을 것이다.

일본의 유치원들은 긴 시간 동안 아이들을 운동장에서 뛰어놀게 한다. 속칭 아이들을 가르치고 배우게 하는 데 열을 올리지 않는다. 그보다 더 중요한 것이 있다고 유치원과 학부모 모두들 굳게 믿고 있기 때문이다. 세이시 유치원처럼 아예 교실 수업 없이 온종일 마 당과 운동장에서 아이들을 놀게 하는 곳도 있지만 최소한의 활동만 실내에서 하고 대부분의 시간을 운동장에서 보내는 유치원도 많다. 아이들은 아침에 등원하면 30분 이상은 운동장에서 논다.

그리고 다른 활동으로 중간에 쉬는 시간이 생겨도 선생님들은 아 이들을 운동장으로 데리고 나와 놀 수 있게 해 준다. 내가 만난 일본 의 모든 유치원 선생님들은 '유아기는 마음껏 뛰어놀며 몸을 튼튼하 게 만드는 시기'라는 확고한 철학을 가지고 있었다. 그리고 그들은 이런 생각을 하는 것에만 그치지 않고 곧바로 실천으로 옮긴다. 그 들은 이런저런 조건을 따지거나 이유를 대지 않았다. 그리고 그들은 말했다. '중요하다고 생각하는 것을 지키는 것'이 철학이라고.

나는 이번 프로그램을 취재하면서 일본 곳곳에서 고집이라면 둘 째가라면 서러워할 선생님들을 많이 만났다. 물론 그들이 가지고 있

는 확고한(절대로 달라지지 않을!) 교육 철학에 100퍼센트 동의할 수
는 없다 하더라도 그 열정과 고집만큼은 충분히 존중받고 존경받아
야 한다고 생각한다. 그들의 고집이 우리보다 땅값이 비싼 일본에서
어느 유치원이든 운동장이 있어야 한다는 생각을 당연한 일로 만들
었을 것이다. 또 그런 고집이 유치원을 경영하는 데 비즈니스만 남
고 교육은 쏙 빠지는 걸 부끄러운 일인 줄 알게 했을 것이다.

경제적인 부담, 부모들의 반대, 사고 위험성 등 한국의 유치원에
운동장이 없는 이유는 차고도 넘친다. 하지만 그렇게 중요한 요소들
이 정작 아이들을 위한 이유인가라고 물어본다면 답은 쉽게 나올 것
이다. 이제 우리 아이들에게도 운동장을 만들어 주었으면 좋겠다. 수
많은 교육 자료와 교육 기구, 놀잇감보다 더 중요한 것은 아이들이
마음껏 뛰어놀 수 있는 운동장, 그러니까 즐겁게 배우고 건강하게
커질 수 있는 추억의 공간이다.

　세이시 유치원에는 '학습'이 없다. 몇 살에는 숫자를 10까지 배우고 몇 살에는 히라가나를 배운다는 야심찬 학습 목표 따위는 아예 존재하지도 않는다. 같은 부모 입장이라 세이시 유치원을 둘러보면서 몇 가지 궁금증이 떠올랐다. 우리가 취재를 시작한 이후에 아이들이 교실에 들어가는 모습조차 보기 어려웠던 터라 아이들이 공부할 시간은 있는지, 공부를 시키지 않는 유치원에 대해 불안해하는 부모들은 없는지, 학습량이 모자라는 것처럼 보이는 유치원 아이들이 초등학교에 가서 뒤처지지 않고 교과를 잘 따라갈 수 있는지 궁금했다. 마음껏 뛰어노는 것이 아이에게 좋다는 것쯤이야 충분히 이해할 수 있지만 부모라면 어쩔 수 없이 드는 현실적인 불안감을 떨치기 어려웠다.

나는 세이시 유치원 엄마들에게 조심스럽게 물었다. 아이들 학습 능력에 대한 불안감은 없는지 그들의 얼굴 표정을 유심히 살피면서 물었다. 돌아온 대답들은 질문 자체를 상당히 민망스럽게 만드는 대답들이었다. 학부모 시모다 아사코 씨는 털털하게 웃으며 이렇게 말했다.

"아이의 학습 능력이 떨어져서 공부를 못할까 봐 불안하지는 않아요. 원장 선생님이 생각하는 것처럼 어릴 때는 공부해서 배우는 것보다 놀면서 배우는 것이 중요하다고 생각해요."

또 두 아이를 모두 세이시 유치원에 보냈다는 히가시 카즈코 씨는 "주위에서 굉장히 좋은 유치원이라고 평가하길래 이곳을 선택했어요. 삼 년 동안 아이가 쑥쑥 성장하고 있는 게 눈에 보일 정도로 만족도가 높은 유치원이에요. 특히 큰애가 초등학생이 되니까 더욱 확실하게 알겠더라고요. 체력, 집중력, 성적, 생활면에서 선생님께 칭찬을 많이 받아요. 그래서 작은애도 이리저리 잴 것 없이 이 유치원에 보내고 있어요."라고 말했다. 올해 처음 세이시 유치원에 아이를 보낸 야마조에 타마 씨는 "사회가 워낙 경쟁이 치열한 학력 사회이고 아이들 대부분이 조기교육을 받은 터라 모든 아이가 평균적으로 머리가 좋아요. 하지만 좋은 머리로 나쁜 짓을 하는 경우가 더 많은 것도 사실이에요. 저는 우리 아이가 마음 착하고 부모를 존경하고 친구들을 소중히 여기는 사람으로 자랐으면 좋겠어요."라고 말했다.

얘기를 듣다 보니 엄마들의 생각도 세이시 유치원 원장 선생님의 교육 철학과도 크게 다르지 않다는 것을 알 수 있었다. 엄마들 모두 원장 선생님의 교육 방식이 효과적이라는 데 동의하고 있었다. 그들은 공부만 열심히 한 아이들이 어른이 돼서 보여준 이기적이고 반사회적인 행동에 대해 실망하고 나름의 해법을 찾아 실천하고 있었다. 게다가 세이시 유치원은 대안학교에 머물지 않고 아이들의 학업 성적도 꾸준히 올릴 수 있는 잠재력도 충분하다는 인상을 받았다.

원장 선생님의 이력은 세이시 유치원만큼이나 독특하다. 원래 원장 선생님은 일본 경제가 급속도로 발전하던 1970년대에 사업가의 길을 걷고 있었다. 생각보다 사업이 잘돼서 일을 확장하다 보니 오사카에 있던 창고가 비좁아 다른 곳에 창고를 이전할 만한 장소를 물색하고 있었다. 그러다 궁리 끝에 오사카 근교 시조나와테 시에 4,000평방미터의 땅을 사서 건축 기자재나 기계 부품을 보관하는 창고를 지으려 했다.

때마침 그 지역에 사는 엄마들이 찾아와 그 땅에 유치원을 지어달라고 간절히 부탁했다고 한다. 당시는 2차 베이비붐 시절이라 초등학교도 오전, 오후반으로 나눠 수업할 만큼 교실이 턱없이 부족할 때였다. 게다가 시조나와테 시에는 공립 유치원도 없고 그나마 사립 유치원이 두 개였지만 정원이 꽉 찬 상태라 엄마들은 유치원이 절실하게 필요하다고 간곡하게 부탁했다. 원장 선생님은 창고도 중요했지만 아이를 가진 엄마들의 처지가 딱해 근처에 유치원이 생길 때까지만 유치원을 운영해야겠다는 생각으로 유치원 경영을 시작했다고 한다.

그게 벌써 1972년의 일이다. 하지만 원장 선생님은 유치원 아이들과의 인연을 끊을 수 없어 이 일을 그만둘 수가 없었다고 한다. 아이들과 보내는 일상이 보람차기도 했고 무엇보다 재미있었다. 그렇게 보낸 것이 벌써 40년이라는 세월이 흘렀다. 한 곳에서, 그것도 40년 동안 유치원을 운영하다 보니, 시조나와테 시 근방에는 세이시 유치원을 졸업한 사람들이 꽤 많다. 주민들과 유치원의 관계는 오랫동안 지속된다. 20~30대 청년들은 인터넷 커뮤니티를 만들어 유치원 시절의 추억을 공유하기도 한다. 또 졸업생 중에서는 '달리기와 세이시 유치원 아이들 건강의 상관관계'에 대한 박사학위 논문을 쓴 사람도 있다.

취재팀이 촬영하던 무렵은 일본의 초등학교가 여름방학에 들어간 시기였다. 어느 날 나는 열 명 남짓한 초등학생 아이들이 성적표를 들고 유치원을 찾아오는 모습을 볼 수 있었다. '왜 아이들이 성적표를 가지고 유치원에 왔을까?' 의아했지만 곧 내막을 알 수 있었다. 반가운 표정의 아이들은 "오랫동안 우리를 보살펴 주셨기 때문에 성적표를 보여 드리러 왔어요."라며 원장 선생님에게 성적표를 내밀었

다. 원장 선생님은 아이들에게 부모님 같은 존재다. 아이들이 초등
학교 성적표를 원장 선생님께 보여 주기 위해 가지고 오는 것은 어
제오늘의 일이 아니다. 원장 선생님은 자랑스럽게 취재진 앞에 박스
몇 개를 꺼내 왔다. 그 안에는 20년 이상 모아둔 세이시 유치원 졸업
생들의 성적표가 차곡차곡 쌓여 있었다.

유치원에서는 아이들의 성적표를 토대로 유치원을 졸업한 아이들
의 공통점을 찾아낼 수 있었다고 한다. 세이시 유치원을 졸업한 아
이들은 대체적으로 책임감이 강하고, 친구를 잘 사귀고 잘 놀고, 수
업에 대한 집중력과 태도가 다른 유치원 출신에 비해 좋다고 한다.
물론 어른에 대한 예절이나 인사, 청소 등 봉사 정신도 좋지만 무엇
보다 성적이 우수하다. 원장 선생님은 세이시 유치원을 거쳐 간 아
이들의 성적표를 보는 감회를 다음과 같이 감격스러워했다.
"아마도 초등학교 교사들은 우리 유치원 아이들이 성적이 좋은데
다 일상생활 속에서도 바르고 사회성이 좋기 때문에 감동하는 거 같
아요. 이 성적표를 받으면 마치 내가 초등학교 선생님께 칭찬받은
느낌이에요. 이 성적표들은 내 자랑 같은 거예요. 무엇보다 아이들이
이렇게 성장했다는 것이 기쁘고, 그 다음에는 앞으로 유치원에 새
아이가 들어와도 지금처럼 하면 아이들이 잘된다는 걸 알고 있으니
또다시 자신감이 생기는 겁니다."

요즘 부모들은 유독 아이들에게만은 너무 무르다는 게 원장 선생님의 생각이다. 아이가 지칠 만큼 잔소리하고 간섭하지만 단지 말로만 할 뿐이라는 게 그가 가장 안타까워하는 대목이다. 부모들이 아이에게 싫은 소리는 하지만 아이가 원하는 것이라면 무조건 해 준다는 것이다. 아이가 스스로 할 수 있는데도 옷을 입혀 주고, 신발을 신겨 주고, 밥을 먹여 준다.

"그런 아이는 아무것도 할 수 없어요. 아이들은 반드시 스스로 움직여야 해요. 움직이지 않으면 인간은 녹이 슬어요, 뇌도 몸도. 유아기에는 움직이는 것이 전부입니다. 우리는 그런 환경을 만들어 줘야 해요. 과보호나 응석받이로만 키우면 정말 곤란합니다. 진정 아이를 사랑한다면 응석을 받아 줄 게 아니라 아이를 성장시켜야 해요. 나쁜 짓을 하면 그냥 넘어가면 안 돼요. 부모들은 선생님들이 아이들에게 칭찬을 많이 해 주길 바라지요. 아이가 그다지 착한 일을 하지 않았는데도 칭찬해 주면 좋아해요. 나는 유치원에 부모가 있든 없든 진심을 말해요. 너는 이게 결점이니까 더욱 열심히 해라, 어머니도 집에서 아이를 이렇게 교육하세요, 나도 할 테니까요, 라고요."

원장 선생님은 교육 철학이 확고하고 또 그런 철학대로 아이들을 키운다.

"내가 엄격하게 많은 걸 요구하는 거 같지만 꼭 그렇지도 않아요.

내 교육 방침은 단 한 가지만 열심히 하는 거예요. 가장 좋은 것은 못 되더라도, 늦거나 느려도, 저는 열심히만 하면 그런 마음을 높이 삽니다. 그게 가장 중요합니다. 유아기 아이들에게 열심히 하는 마음을 가르칩니다. 이렇게 해라, 글자를 외워라, 하는 것들은 필요 없어요. 아이들은 태어난 지 겨우 오 년이 됐어요. 이런 아이들에게 무엇을 원하는 겁니까? 아이들에게 필요한 건 지식 교육이 아니라 다른 사람에게 친절하고 예쁘다, 아름답다, 멋지다고 생각하는 감정, 친구가 되는 감정, 신나게 놀면서 뭔가를 만드는 창조력, 사물을 생각하는 힘, 바로 지혜가 필요해요"

그렇다. 아이들은 유아기에 생각하는 힘을 길러야 한다. 좋은 옷과 편안한 공간에서 비싼 장난감으로 둘러싸인 환경은 아이들을 위한 공간도, 진정한 배려도 아니다. 유아기에는 아이들이 갖고 있는 작은 그릇에 지식을 집어넣기보다 '그릇 크기 늘리기'에 더 관심을 쏟는 게 맞다. 세이시 유치원의 아이들은 초등학교에 갈 때쯤이면 이미 큰 그릇이 돼 있다. 큰 그릇은 많은 지식을 흡수할 수 있을 뿐 아니라 체력, 의욕, 집중력이 풍부하기 때문에 공부할 때도 제대로 능력을 발휘한다. 지금도 세이시 유치원은 아이들의 탄탄한 기본기를 다지기 위해 노력하고 있다. 그곳에 있는 아이들은 지금도 맨발로 달리기를 하고, 진흙에서 마음껏 웃으며, 일본의 산들을 여린 발걸음으로 정복해 가고 있다.

"초등학교 교사들은

세이시 유치원 졸업생들이

성적이 좋은 데다

일상생활 속에서도 성격이 밝고

바르고 사회성이 좋기 때문에 감동하는 거 같아요."

아이들은 경쟁을 좋아하고 즐긴다.

토리야마 어린이집에 다니는 '모든' 아이들은 '모든' 것을 할 수 있는 천재들이다.

이곳의 아이들은 경쟁을 재미있는 놀이로 생각한다.

재미있는 경쟁은 무엇이든 할 수 있게 만든다.

PART

2

아이들은 경쟁을
놀이로 느낀다

잔소리, 훈계 없이 기적을 일으킨
토리야마 어린이집 1

할 수 없는 아이를 할 수 있게 하는 방법

외국으로 출장 갈 때면 즐겨 찾는 곳이 있다. 그 도시에서 가장 큰 서점을 둘러보는 일이다. 그때그때 상황에 따라 관심 있는 분야의 책들을 쭉 훑어보고 필요한 책들을 구입한다. 아마도 프로그램 기획자들이라면 대부분 하는 일이겠지만, 나는 특별히 서점 순례에 좀 집착하는 편이다. 전 세계가 인터넷으로 연결돼 있고, 어느 나라에서 발행된 책이든 집 거실에 앉아 컴퓨터로 쉽게 책을 주문할 수 있는 세상이긴 하지만 서점에 가면 현장 느낌이 살아 있고, 책의 배치나 현지인의 반응을 통해 살아 있는 정보를 얻을 수 있기 때문이다.

일본에서도 예외는 아니어서 일요일에 시간을 내 도쿄에서 가장 큰 서점을 찾아갔다. 그리고 그 서점에서 요코미네식 교육 열풍이 심상치 않다는 걸 느낄 수 있었다. 일본의 시골 촌구석에 있는 한 어린이집 원장인 요코미네 요시후미(橫峯吉文)의 교육법에 일본 열도가 열광하고 있었다. 요코미네식 교육법을 다룬 책들이 베스트셀러가 되고, 잡지며 방송이며 모두 요코미네식 교육법을 소개하느라 열띤 경쟁을 하고 있었다. 나는 도쿄에서 취재를 마무리하는 대로 요코미네식 교육법을 취재하러 가기로 예정돼 있었다. 일본 출장을 오기 전 한국에서 요코미네식 교육법에 대한 자료조사와 사전 취재를 마친 상태였지만, 일본에서 이렇게 뜨거운 반응을 얻고 있는 줄은 미처 몰랐다. 일명 '천재 교육법'이라 불리는 요코미네식 교육법을 취재하러 가는 내 마음은 기대로 잔뜩 설레었다.

요코미네식 교육법의 개념을 만들어 낸 토리야마 어린이집은 일본 큐슈 섬의 남단 가고시마 현에 있다. 가고시마 시에서 차로 족히 3시간은 달려가야 하는, 그야말로 보잘것없는 시골 마을에 있다. 번듯한 상점도 학원도 학교도 유치원도 없는 곳이다. 토리야마 어린이집이 유명해지기 전에도 이 근방에 사는 아이들은 모두 토리야마 어린이집에 다녔다고 한다. 근처에 달리 갈 만한 유치원이 없기 때문에 당연한 선택이었다. 즉 토리야마 어린이집이 우수한 아이들을 뽑아서 지금 같은 좋은 결과를 낸 것이 아니라는 뜻이다. 지극히 평범한 아이들을 모아 가르쳤는데 그 성과에 일본이 흥분하고 있는 것이다.

일본 교육계를 강타한 요코미네식 교육 열풍.

대형 서점에 가면 아예 한 코너를 장식할 정도로 열기가 대단하다.

학부모들이 대도시를 등지고 일본 남단 큐슈 섬 가고시마 현의 외딴 곳으로

이사를 가는 이유는 간단하다.

토리야마 어린이집 아이들은 못하는 게 없다.

'도대체 이곳에서 무슨 일이 벌어지고 있는 걸까?' 내가 방문한 토리야마 어린이집에는 0세부터 5세까지 109명이 아이들이 있었다. 근처에 보습학원이나 피아노학원 같은 것이 없으니 아이들은 오로지 토리야마 어린이집에서 모든 걸 배울 수밖에 없다. 그러나 이곳 아이들은 어떤 부모라도 귀가 번쩍 뜨일 만큼 높은 학업 성취와 예술적 감각, 그리고 튼튼한 체력을 가지고 있었다.

토리야마 어린이집의 아이들은 2세부터 히라가나를 익히기 시작해 3세가 되면 책을 읽고 글자를 쓴다. 5세가 될 때까지 무려 2,500권의 책을 읽고, 3세가 되면 악기 연주하기 시작해 절대음감을 갖게 되고, 4세부터는 1인 1악기를 익혀 합주를 한다. 4세에 주산을 시작해 졸업하기 전에 7급 자격증을 딴다. 과연 지구상에 존재하는 곳인가 싶다.

어린이집 곳곳에서 아이들이 물구나무서기를 하는 모습을 볼 수 있고 다섯 살밖에 안 된 아이들이 자신의 키보다 20센티미터는 높은 뜀틀을 새처럼 훨훨 날아 넘는다. 모든 아이가 물구나무서기로 1분간 버티기는 보통이고 물구나무서기 자세로 걸어 다니기도 한다. 그렇다. 여기는 서커스 교습소가 아니다. 그렇다고 특출 나게 뛰어난 몇몇 아이들이 모여 있는 그런 어린이집 이야기가 아니다. 놀랍게도 이 어린이집에 다니는 아이들 모두 뛰어난 능력을 가졌다. 너무 외진 시골이라 학원에 다닐 턱도 없고, 따로 과외를 받은 일도 없을뿐더러 오로지 토리야마 어린이집 다닌 것밖에 없는데 2,500권이나 되는 독서, 절대 음감, 주산 7급, 10단 뜀틀이라니! 이 아이들은 대체 뭐란 말인가? 더 놀라운 건 이 모든 것을 모든 아이들이 할 수 있다는 점이다!

　요코미네식 교육 열풍의 중심에는 요코미네 요시후미 원장 선생님이 있다. 그가 30년 동안 교육 현장에서 아이들을 가르치면서 늘 마음에 품고 산 테마는 '무언가를 하지 못하는 아이를 어떻게 할 것인가'였다고 한다. 그래서 나는 단도직입적으로 '할 수 없는 아이를 할 수 있게 하는 방법'을 발견했냐고 물었다.

　"방법은 시간을 들이는 거예요. 할 수 없는 아이를 가르쳐서 어떻게 하려고 하면 반드시 실패해요. 아이가 싫어하니까요. 그 아이가 할 수 있는 것을 시키는 거예요. 할 수 있는 것을 충분히 시킨 다음 윗 단계로 올라가요. 아기는 태어나서 1년이 지나면 누가 가르쳐 주지도 않는데 걸을 수 있잖아요. 그 원리를 교육에 적용시키는 겁니다. 아기는 매일 자요. 자는 건 잘하죠. 자는 걸 잘하게 되면 뒤집기를 시작해요. 뒤집기를 잘하게 되면 엎드리게 돼요. 엎드리기를 잘하게 되면 앞으로 가게 돼요. 기어 다니는 거예요. 잘 기어 다니면 잡고 서죠. 잡고 서기를 잘하면 비로소 걷기 시작해요. 아직 때가 되지 않았는데 걷는 것을 가르치면 아기가 싫어해요. 발육에도 좋지 않고요. 저는 가르치는 것이 아니라 아이가 할 수 있는 환경을 만들어 줘요. 그러면 아이 스스로 다음 단계로 계속 수준을 높여 가요. 아이들은 그렇게 성장하는 거예요."

한마디로 가르치지 않고 스스로 할 수 있는 환경을 만들어 준다는 것인데 어떻게 그것이 가능한지, 어떻게 그런 환경을 만들어 준다는 것인지 눈으로 확인하지 않고서는 궁금증을 참을 수 없었다. 요코미네 원장 선생님은 '할 수 없는 아이를 할 수 있게 만드는 데' 늘 고민하면서 아이들을 오랫동안 관찰했더니 답이 절로 보였다고 한다.

5단 뜀틀은 넘을 수 있지만 6단 뜀틀은 넘지 못하는 네 살짜리 아이가 있다고 치자. 또래 아이들은 6단 뜀틀을 넘을 수 있지만 이 아이는 6단 뜀틀을 넘지 못하기 때문에 계속 6단 뜀틀을 다른 아이와 똑같이 넘으라고 강요할 수는 없다. 단, 5단 뜀틀을 여유 있게 넘을 때까지 5단 뜀틀만 계속 시키면 결과는 서서히 달라지게 돼 있다.

아이는 5단 뜀틀을 넘은 데 자신감을 가지게 되고 점점 6단 뜀틀을 아슬아슬하게 넘을 수 있게 된다. 아이가 6단 뜀틀을 여유 있게 넘을 때까지 계속 6단 뜀틀만 시키면 어느 시기에서 7단 뜀틀을 아슬아슬하게 넘을 수 있게 된다. 이렇게 아이 개개인마다 스스로 할 수 있는 맞춤 환경을 만들어 주는 것이 요코미네식 교육법이며, 아이들 모두에게 획일화된 교육을 시키지 않는 것이 이 교육법의 핵심이다. 요코미네 원장 선생님은 일본 유아교육과 초등교육에 문제가 있다고 생각하는 사람 중 한 명이다. 그래서 그는 솔직하게 말한다.

"아이가 어떻게 성장하는지도 모르는 사람들이 교단에서 단지 지식만 가르치고 있어요. 그중에서도 방법은 특히 나빠요. 획일화된 지도를 하니까 아이들이 피해를 많이 봐요. 아이가 할 수 있는 환경을 만들어 주지 않고 어려운 것을 억지로 가르치는 거죠. 점점 더 공부를 싫어하는 아이가 늘어나요. 분명한 철학과 책임감을 가지고 교육해야 해요. 단지 지식을 전달하는 것만으로 아이들이 성장하지는 않아요. 아이가 어른으로 성장할 수 있도록 어떻게 길을 안내할 것인가 하는 것은 온전히 교육자에게 남겨진 몫이에요. 지금 일본에는 통찰과 경험을 바탕으로 하는 새로운 교육법이 필요해요."

강제로 가르치지 않는다

　요코미네 원장 선생님의 말이 일본 유아교육계와 초등교육계에만 국한되는 이야기일까? 듣는 나도 가슴이 찔끔 아렸다. 한국의 어린 아이들이 조기교육이다 뭐다 해서 얼마나 시달리고 있는지를 생각하면 더더욱 공감할 수밖에 없는 말이다. 일본은 여러 가지 측면에서 한국과 비슷하다. 대학 입시 경쟁이 치열하다는 점이 그렇고, 이런 경쟁은 아래로 내려가 유명 사립 초등학교, 유치원으로까지 확대되고 있다. 일본 국내에서도 학생들을 '공부하는 기계'로 만드는 주입식 교육에 대한 문제가 계속 제기돼 왔다. 이에 대한 반성으로 2002년부터 공교육에는 '유토리 교육'이 도입됐다.

유토리 교육은 쉽게 여유 교육(餘裕敎育)이라고 생각하면 된다. 주입식 교육에서 벗어나 사고력과 표현력, 남을 위한 배려 등 살아가는 데 꼭 필요한 덕목을 기르는 것을 교육 목표로 삼은 것이다. 그러다 보니 일본에서는 초등학교와 중등학교의 교과 교육 양이 30퍼센트 정도 줄어들었다. 전체 수업 시간 역시도 10퍼센트 정도 줄여 아이들의 학업 부담을 낮췄다. 그 결과 2003년에 다른 선진국에 비해 100시간 정도 수업 시간이 적었고, OECD(경제협력개발기구) 국가의 평균인 804시간보다 99시간이 적었다. 일본이 다른 경쟁국에 비해 아이들에게 공부를 조금 시키는 나라가 된 것이다.

그런데 유토리 교육은 심한 부작용을 불러왔다. 유토리 교육 실시 이후 학생들의 기초 학력이 눈에 띨어지게 낮아졌다. 수업 시간 감소가 원인이라는 지적도 끊이지 않았다. 학생들의 자율성을 지나치게 강조하다 보니 교사가 적극적으로 학생들을 지도할 수 없는 것도 문제점으로 지적됐다. 학생 간에 학력차가 커진 것도 사회적인 문제로 떠올랐으며 이런저런 비판 여론 끝에 2010년 일본 중앙교육심의회는 유토리 교육의 실패를 인정하기에 이르렀다. 그렇게 유토리 교육은 10년도 채우지 못하고 수업 시간을 늘리고 학력을 높이는 과거의 교육 방침으로 되돌아가게 만들었다.

이 변화무쌍한 일본의 교육 정책에서 내 지난날의 모습을 발견할 수 있었다. 이미 말했듯이 일본의 교육제도와 내가 세 아이를 키우던 과정이 너무도 비슷했다. 큰딸 보리를 키울 때는 다른 엄마들과 마찬가지로 무엇이든 뒤처지면 큰일이라도 날 것처럼 아이에게 하나라도 더 가르치려고 노력했다. 한글은 기저귀를 떼기 전에 가르치기 시작했고, 2년 동안 영어 유치원에 보냈다. 악기 하나쯤은 해야할 것 같아 과연 이 아기가 피아노를 칠 수 있을까 싶을 때부터 가르치는 무모함을 저지르기도 했다. 게다가 책이나 엄마들이 추천하는 것들, 이를테면 공부에 도움이 되고 두뇌 발달에 좋다는 것들은 죄다 시켰다. 그리고 이런 노력에도 불구하고 아이는 내 극성에 금방지쳐 버렸고, 다른 아이보다 크게 나은 것도 없었다.

　나의 첫아이 교육은 실패였다. 이미 독자들도 알다시피 둘째딸은 정반대로 했다. 아이의 뜻과 상관없이 무리하게 끌고 나가는 것이 힘들기도 했지만 좀 더 자유롭고 창의적인 아이로 키우고 싶은 욕심이 강했다. 큰아이 때 실패했으니 반대로 가면 성공할 것 같아 '무조건 반대로!' 노선을 걸었지만 역시 결과는 탐탁치 않았다. 만약 지금의 요코미네식 교육법처럼 아이를 관찰하고 적절하게 재능을 키워주었다면 두 번째 실패는 하지 않았을지도 모른다. 일본에서 주입식 교육에 대한 반성으로 유토리 교육이 나왔던 것처럼 큰딸을 극성스럽게 키우고 나서 둘째딸은 방임으로 일관했으니 주입식 교육이나 방임식 교육이 정답이 아니라면 바른 길은 어디일까? 이런 고민에서

나를 건져 올린 것이 바로 토리야마 어린이집이었다.

요코미네 원장 선생님은 유토리 교육으로는 아이를 성장시킬 수 없다고 생각하고 있었다. 그 대목에서 원장 선생님의 신념이 확고한 듯 보였다.

"유치원 아이들에게 유토리 교육을 한다고 학습은 시키지 않고 놀이만 시키는데 그 놀이로 무엇을 기를 수 있을까요? 아무것도 기르지 못해요. 무조건적인 놀이는 아이를 아기 취급하는 것이나 마찬가지예요. 한 번 아기 취급을 하기 시작하면 아무리 시간이 지나도 아기에서 벗어날 수 없어요. 예전에는 서너 살이 되면 행동 범위가 넓어져서 산속에서 위험을 만나기도 하고 강에서 뛰어놀기도 했어요. 그래서 여러 가지 모험을 하면서 머리를 쓸 일이 많았지만 지금은 그런 환경이 사라졌어요. 나는 일부러 어린이집에서 읽기, 쓰기, 계산을 시키고 있어요. 머리를 쓰는 것, 문제를 자기 힘으로 해결하는 것을 할 수 있어야 배우는 머리가 만들어져요. 이해력, 사고력, 독해력, 통찰력을 열 살까지 확실하게 길러 놓지 않으면 어른이 돼서는 이런 훈련을 할 기회가 없어요."

반복 훈련을 통해 학습 효과를 낸다고 해서 유토리 교육을 버리고 주입식 교육으로 돌아가자는 논리에 동의하기 힘들었다. 나의 지적에 요코미네 원장은 단호하게 말했다.

"아이들의 의사는 상관없이 강압적으로 가르치는 걸 제일 경계합니다.

결코 좋은 결과를 얻지 못해요.

한두 명은 잘할 수 있겠지만

전체가 잘할 수는 없어요.

우리는 강압적이지 않은 특별한 비법을 가지고 있어요."

PART 2. 아이들은 경쟁을 놀이로 느낀다

"주입식 교육으로 돌아가자는 게 아닙니다. 아이들의 의사와는 상관없이 강압적으로 주입식으로 가르치는 걸 제일 경계합니다. 그렇게 해서는 결코 좋은 결과를 얻지 못해요. 간혹 한두 명은 잘할 수는 있겠지만 못하는 아이 하나 없이 전체가 잘할 수는 없어요. 우리는 강압적으로 학습시키지 않아도 좋은 결과를 낼 수 있는 특별한 비법을 가지고 있어요. 특히 유아기의 아이들이 싫어하는 것을 강제로 시켜서는 절대 안 돼요. 이 시기의 아이는 '싫지만 노력해야지, 열심히 해야지'라고 생각할 줄 몰라요. 아이들은 그냥 재미있으니까 하는 거예요. 재미있으면 자연스럽게 잘한답니다. 이건 제가 삼십 년간 아이들을 관찰하면서 알아낸 거예요. 우리는 강제로 가르치지 않아요. 대신 아이들이 재미있게 머리와 몸, 마음을 단련시킬 수 있는 환경을 만들어 줘요. 그러면 아이들은 신기하게도 스스로 배우게 됩니다."

강제로 시켜서 하는 것과 재미있어서 자발적으로 하는 것! 별 차이가 아닐 것 같은 두 가지 교육법은 엄청난 차이를 만들어 낸다. 큰딸과 둘째딸을 교육시키는 데 어려움을 겪은 내가 찾아 헤매던 것이 바로 이건 아닐까 하는 호기심이 강하게 생길 정도로 요코미네 원장 선생님의 말은 강하게 끌어당기는 뭔가가 있었다. 어쩌면 아이에게 직접 뭔가를 가르치는 게 아니라, 스스로 재미있어서 배우게끔 안내하는 것이 엄마의 역할이 아닐까 하는 생각이 들었다.

경쟁은 재미있는 놀이

토리야마 어린이집은 한쪽은 바다를 끼고 있고 또 다른 한쪽은 논을 끼고 있다. 어린이집 주변에는 주택가나 상가도 찾아볼 수 없다. 그저 눈에 보이는 것은 갯벌과 바다 그리고 논과 밭에서 자라는 곡식과 채소가 전부다. 그런 지리적 위치에 맞게 토리야마 어린이집의 아침은 운동장에서 시작된다. 아이들은 어린이집에 등원하자마자 곧장 체육복으로 갈아입고 운동장으로 나온다. 복장은 반바지에 반팔 셔츠 차림, 그리고 모두 같은 모양의 모자를 쓰고 있는 게 눈에 들어왔다.

모자 이야기가 나왔으니 말인데, 일본 유치원들을 취재하면서 우리들은 아이들이 한결같이 비슷한 모양의 모자를 쓰고 있다는 사실

일본 전역의 유치원생들은 같은 디자인, 같은 컬러의 모자를 쓴다.

일본 유치원생들은 의외로 야외활동이 많아

일사병에 걸리지 않도록 모자를 쓰게 한다.

모자 컬러에 따라 유아들의 나이를 구분할 수 있으며

모자 양쪽으로 햇빛가리개처럼 긴 챙이 드리워져 있다.

에 주목했다. 앞쪽으로 마치 햇빛가리개처럼 귀여운 챙이 길게 달려 있고 뒷부분도 길어 목덜미까지 햇볕에 그을리는 걸 막을 수 있는 구조로 돼 있다. 대부분의 일본 유치원에서는 나이별로 모자 컬러를 달리해서 모자를 쓰고 있는 아이가 몇 살인지 구별이 가능하게 해 놓았다.

도쿄에서 가고시마(鹿兒島) 현까지 일본 전역에서 이렇게 유치원 생들에게 같은 디자인의 같은 컬러로 모자를 쓰게 하는 이유는 간단 하다. 일본 유치원생들은 야외활동이 많기 때문이다. 일본 유치원 아 이들은 우리가 생각하는 것보다 훨씬 많은 시간을 운동장이나 야외 에서 논다. 이렇게 야외활동이 많으면 일사병에 걸리기 쉽기 때문에 일사병을 예방하기 위해 모자를 쓰게 한다.

토리야마 어린이집 아이들은 아침에 등원해서 운동장 여기저기에 서 놀다가 8시 30분이 되면 운동장 한가운데로 일제히 모여든다. 반 별로 달리기를 하기 위해서다. 달리는 방식은 특이하게도 다 함께 운동장을 달리는 게 아니라 6명씩 조를 짜서 경주하는 방식이다. 사 실 토리야마 어린이집 아이들이 아침부터 달리기 경주를 한다는 이 야기를 처음 들었을 때는 마음이 약간 불편했다. 세이시 유치원처럼 모든 아이들이 함께 천천히 달리는 것도 아니고, 매일 아침 어린아 이들이 무엇 때문에 죽자고 달리기 경주를 해야 하는지, 꼭 그렇게까지 해야만 하는지 마음이 복잡해졌다. 취재하는 김에 아침마다 달리기 경주를 하는 매정한 교육 시스템에 꼬투리라도 잡을 요량으로 잔뜩 삐딱한 상태에서 토리야마 어린이집에 갔다.

과연 아침부터 운동장은 실제로 운동회가 열리는 것처럼 화약총 소리가 울려 퍼졌다. 아이들의 신경전도 여간 아니어서 출발 신호보다 먼저 달려 나가는 경우가 많아 실전을 방불케 하는 경기가 매캐한 화약총 냄새와 함께 치러진다. 일단 달리기가 시작되면 아이들이 매일 어떻게 이런 긴장감을 이겨내는지 안타까울 정도로 긴장감이 고조된다. 아이들은 운동회 경주처럼 이기려고 이를 악물고 최선을 다해 달린다. 게다가 더욱 눈길을 끄는 대목은 바로 선생님들이다. 선생님은 마이크를 잡고 큰소리로 아이들을 응원한다.

"아키 짱 출발 좋았어! 히로미 군 열심히 해! 힘내! 나오키 군 멋있어! 가, 가, 가! 타로 짱 빠르네! 켄타 군 대단해! 마지막! 힘내! 유타 짱 조금만 더 조금만 더! 잘했어!"

선생님은 아이가 들도록 끊임없이 뭔가를 이야기하며 달리는 내내 아이들의 기운을 북돋워 주었다. 마치 아이들과 함께 달리는 것처럼 한 명 한 명의 일거수일투족을 주의 깊게 관찰하며 가장 적절한 타이밍에 아이의 자신감을 부채질하는 구호를 외친다. 아이들은 달리면서도 선생님의 응원 소리에 귀를 열어 놓고 있는 것 같았다. 그 말에 자극을 받아 더욱 힘을 내고 더 열심히 달리는 것 같기도 하

토리야마 어린이집 아이들은 매일 아침 즐거운 경쟁을 한다.

선생님들도 목이 터져라 아이들을 응원한다.

아침 달리기는 단순한 경주가 아니라 기 살리기 경주다.

아침부터 신나게 뛴 아이들은 행복한 표정이다.

다. 나는 마이크를 잡고 아이들을 열심히 격려하는 선생님에게 다가가서 물었다. 왜 그렇게 열심히 아이들을 응원하냐고 말이다. 그렇게 일일이, 적절하게, 아이들에게 말로 기운을 불어넣는 것도 그 아이들을 자세하게 알고 있지 못하면 불가능한 응원이기도 하다.

"아이들이 달리기 경주에서 이기고 싶다는 생각이 들도록 의욕을 부추기는 거예요. 그러면 아이들은 더욱 기운을 내서 더 잘 뛰려고 노력한답니다. 우리 선생님들은 가능하면 최대한 응원해 줍니다. 정말 목청이 터지도록 말이죠!"

선생님들이 아이들을 부추기는 말, 칭찬하는 말, 의욕이 생기게 하는 말에는 그리 거창한 용어들이 동원되지도 않는다. 그저 '멋있다, 귀엽다, 오늘은 평소와 다르다, 잘한다' 등등이 전부이고 대부분 칭찬 일색이다. 아침부터 죽어라 하고 경쟁해야 하는 어린아이들이 안쓰럽다고 생각했던 내 선입견은 일순간 무너지고 말았다. 그것은 단순한 경쟁구도의 달리기 경주가 아니었다. 아침부터 아이들 기 살리기에 몰두하고 있었던 것이다. 아침부터 신나게 뛴 아이들의 얼굴에는 밝고 생생한 기운이 넘쳐흘렀다. 무엇보다 행복한 표정들이었다.

1, 2등을 한 아이들뿐 아니라 5, 6등으로 들어온 아이들도 전혀 시무룩하거나 의기소침해 하지 않았다. 모두 땀을 흘리며 가쁜 숨을 몰아쉬며 행복한 얼굴로 교실에 들어온다. 그리고 종전에 그렇게 치열하게 경쟁했던 사이였나 싶을 정도로 서로 불편한 기색이나 미워

하는 감정이 보이지 않았다. 즐거운 얼굴로 수돗가에서 손발을 씻으며 재잘거린다. 어느새 아이들은 경쟁자에서 친한 친구로 돌아가 있었다.

토리야마 어린이집에서 '경쟁'은 2세부터 시작된다. 두 살짜리 아이들이 어떻게 경쟁하나 싶어 2세반 교실에 들어가 보았다. 토리야마 어린이집에서는 만 2세가 되면 글자를 가르치기 시작한다. 먼저 5분 정도 히라가나를 읽는 단체 수업을 하고 나면 한 명씩 글자 카드를 읽는 수업을 한다. 말이 수업이지 자신의 차례가 돌아오지 않은 아이들은 교실 한구석에서 그림책을 보거나 장난감을 가지고 놀고 있고, 차례가 된 아이만 선생님과 교실 한쪽에서 공부한다. 히라가나가 적힌 46장의 카드를 선생님이 한 장씩 보여 주면 아이가 그것을 읽는 방식이다. 아이가 글자를 맞추면 그 카드를 아이가 갖게 하고, 틀리면 선생님이 카드를 가진다. 그러니까 선생님과 아이가 경쟁하는 것이다. 결국 누가 더 많이 카드를 가지느냐가 이 수업의 관건인 셈이다.

두 살밖에 되지 않은 아이가 눈을 반짝이며 집중해서 글자 카드를 읽는다. 한 장이라도 더 모으려고 열심인 흔적이 역력하다. 심지어 어떤 아이는 카드에 적힌 글자를 알아맞히면 선생님의 손에서 카드를 낚아채듯 빼앗아가는 모습에 웃음이 절로 나온다.

히라가나가 적힌 카드를 선생님이 한 장씩 아이에게 보여 준다.

아이가 글자를 읽으면 그 카드는 아이가 가질 수 있고,

못 알아맞히면 선생님이 카드를 가진다.

선생님과 아이가 누가 더 많이 카드를 가지는지 경쟁하는 것이다.

아이들에게 경쟁은 재미있는 놀이에 불과하다.

‘아, 두 살짜리도 글자를 맞히고 선생님보다 카드를 더 많이 가지는 재미를 알고 있나 봐?’

정말 대단한 관찰력이 아닐 수 없다. 나는 선생님들이 아이들을 관찰하는 능력, 아이들의 심리를 꿰뚫어보는 혜안에 완전히 감동하고 말았다. 토리야마 어린이집에 다니는 두 살배기 아이들은 집중력이 대단했다. 선생님 손에 들려 있는 카드 한 장에 오롯이 눈빛을 맞추고 집중하는 모습에서 철도 뚫을 것 같은 팽팽한 에너지가 느껴졌다. 아, 아이들이란…… 이렇게 순수하고 그림 같은 존재들이란 사실에 미소 짓지 않을 수 없다. 딱 두 살배기 아이의 발달 단계에 맞게 적절하게 경쟁심을 자극하는 것, 이것이 요코미네식 교육법이다.

달리기 경주와 2세반의 히라가나 수업을 본 이후 나는 ‘경쟁’이란 단어를 곱씹어 생각해 보게 됐다. 왜 여태껏 경쟁을 무조건 비판적으로 받아들였는지, 유치원 아이들을 교육시키는 현장에서 왜 ‘경쟁’이란 단어가 금기시됐는지를 되짚어 본 것이다. 어쩌면 아이들은 소꿉놀이를 하듯 경쟁도 즐거운 놀이로 생각하는 건 아닐까? 만약 그렇다면 ‘경쟁’을 둘러싼 오해는 어른들의 과한 걱정이 낳은 것일 수도 있다. 좋은 경쟁은 아이들에게 에너지를 집중하게 만들고, 한계에 도전하게 만든다. 물론 최선을 다하는 자세를 기를 수 있는 건 당연한 결과다. 문제는 경쟁 자체에 있는 게 아니라 잘못된 경쟁 방법에 있다. 요코미네 원장 선생님이 말하는 경쟁은 그래서 더욱 신선하다.

"삼십 년간 아이들을 가르치면서 제가 얻은 결론은 아이들은 경쟁하고 싶어 한다는 것입니다. 유아들은 경쟁하는 상대가 없으면 의욕이 생겨나지 않아요. 유아들이 어린이집에 오면 좋은 이유는 경쟁 상대가 많다는 거예요. 그 장점을 최대한 살려 아이들이 좋은 경쟁을 할 수 있도록 환경을 만들어 주고 의욕과 집중력을 끌어내는 거예요. 여기서 한 가지 분명하게 짚고 넘어갈 것은 아이들이 어른처럼 경쟁의 결과를 그리 심각하게 받아들이지 않는다는 점이에요. 아이들에게 경쟁은 재미있는 놀이와 같아요. 어리니까 경쟁을 시키는 건 너무 가혹하다는 이야기는 아이들의 특성을 모르는 사람들이 하는 얘깁니다. 아이들이 최선을 다해 경쟁하고 결과에 연연해 하지 않는 환경은 선생님들이 충분히 만들 수 있어요. 어른들이 신경 써야 할 것은 경쟁을 바라보는 시선을 바꾸는 것, 바로 그거예요."

그의 말을 듣고 나는 정말 부끄러웠다. 아이를 잘 키우고 싶다는 '욕심'과 아이가 상처 받지 않도록 '보호'하고 싶다는 이중적인 잣대 때문에 이러지도 저러지도 못하는 어정쩡한 자세로 아이들을 길러 온 것을 들켜 버린 것 같았다. 나 자신도 알게 모르게 경쟁의 결과에만 주목했으며, 경쟁에서는 반드시 이겨야 하는 것이 철칙이고, 경쟁에서 지면 모든 것이 끝난 것처럼 아이들을 가르쳐 왔으니 아이들이 경쟁 그 자체를 두려워하는 건 당연한 결과일지도 모른다.

또 경쟁에서 질 것을 두려워한 나머지, 경쟁하기도 전에 미리 포기하는 습관이 자리를 잡게 된 것도 이 때문일 것이다. 경쟁을 놀이로 느끼는 아이들의 특성을 살려 주는 것이야말로 아이들이 경쟁에 휘둘리지 않고 자랄 수 있는 중요한 해법이 아닐까 하는 생각이 들었다. 요코미네 원장 선생님은 자신 있게 말했다.

"아이들이 최선을 다해 경쟁하고 결과에도 의연하도록 환경을 만들어야 해요. 그건 오로지 어른들의 몫입니다."

모두가 일등인 달리기 경주

자신의 아이가 똑똑하지 못하다는 사실을 받아들이는 건 참으로 뼈아픈 '인정'이다. 아마도 엄마라는 이름을 가진 사람들이라면 이 말에 전적으로 동감할 것이다. 반대로 하나를 가르치면 열을 알아듣는 다른 집 아이를 보고 내심 놀라면서도 은근히 시기심이 생기는 것도 엄마라는 이름을 가진 사람들의 본성이다. 아이들을 키우면서 아이들 각자 발달이 다르고 타고난 특성이 다를진대(모르지 않는데) 내 아이만은 똑똑하리라는 막연한 믿음을 갖고 있다가 좌절할 때는 정말 실망감이 크고 우울해진다.

막내 아리가 바이올린을 배우는 과정이 딱 그랬다. 아리는 또래 친구들과 같이 바이올린을 시작했지만 또래들의 실력에 비하면 영 시원찮았다. 그룹 레슨을 하는 날에는 내가 먼저 신경이 곤두서서 화가 나기도 했다. 급기야는 어느 날, 나는 아리 친구들과 비교하며 "왜 너는 그걸 못하니?"라고 소리를 지르고 말았다. 참다 참다 결국 하지 말아야 할 이야기를 하고 만 것이다. 처음에는 바이올린을 좋아했던 아리였는데 나중에는 바이올린이 싫다며 울어대는 통에 레슨도 지속하기가 어려운 지경에 이르렀다. 아리가 바이올린을 처음 시작할 때, 그러니까 아리가 멋지게 바이올린을 연주하는 모습을 머릿속으로 상상하며 행복해했던 상상의 날개는 아리가 더 이상 바이올린을 하지 않겠다고 선언하면서 날갯짓을 멈췄다. 정말 섭섭하고 씁쓸한 기억이었다.

토리야마 어린이집의 아이들은 어떨까. 아침은 달리기부터 시작해서 오후의 주산 수업에 이르기까지 온종일 친구들과 경쟁하며 지내는 게 하루 일과의 전부인데 누구 하나 하고 싶지 않다며 우는 아이는 찾아볼 수 없었다. 아이들끼리 보이지 않는 경쟁 열기도 대단하지만 그런 긴장감 속에서도 아이들의 얼굴에 불평불만이 보이지 않았다. 이것이 일본 열도를 뒤흔들고 있는 요코미네식 교육 열풍이다.

요코미네 원장 선생님은 '아이들은 경쟁하기 좋아한다'는 특성을 활용해 아이들의 의욕과 집중력을 키워주는 데 수업의 초점을 맞추고 있었다. 그러나 그는 아이들이 경쟁으로 상처받지 않도록 항상

달리기 출발선이 여러 개인 이유는

열심히 달리기만 하면 누구나 일등을 할 수 있음을 느끼게 하기 위해서다.

토리야마식 달리기는 모든 아이가 열심히 달리게 하고,

모든 아이가 일등을 경험하게 만드는 것이 목표다.

신경 쓰고 대책을 마련한다. 이런 배려는 수업 곳곳에서 찾을 수 있는데 아이들의 달리기 경주도 그중 하나다.

토리야마 어린이집의 달리기 경주는 여느 달리기 경주와는 다르다. 3세, 4세, 5세 아이들이 나이와는 상관없이 같은 대열에 섞여서 달리기를 한다. 그렇게 되면 가장 나이가 많은 5세 아이들이 일등을 할 확률이 가장 높지 않겠냐며 형평성의 문제를 거론할 수도 있겠다. 그러나 꼭 그렇지만도 않다. 아이들의 나이에 맞게 출발할 수 있는 출발선이 여러 개로 구분돼 있기 때문이다.

3세 아이는 기본 출발선에서 20미터 앞, 4세 아이는 10미터 앞, 잘 달리지 못하는 아이는 10미터 앞에서 달리기를 시작할 수 있도록 선생님이 적절하게 판단해 아이의 달리기 출발선을 정한다. 이렇게 여러 지점에 출발선을 둔 이유는 모든 아이들이 열심히 달리기만 하면 일등을 할 수 있다고 느끼게 하기 위해서다. 토리야마 어린이집에서 달리기를 하는 것은 모든 아이가 열심히 달리도록 하는 것이 첫 번째 목표이고, 두 번째 목표는 모든 아이가 일등을 경험해 보도록 하는 것이다.

"아이들은 제각각 달리는 속도가 다릅니다. 가능하면 모든 아이가 일등을 해 보도록 유도하려면 출발선을 달리하는 방법밖에 없어요. 세 살부터 다섯 살 아이들이 함께 달리는 것도 나이가 더 많은 아이들에게는 자존심을 자극하고, 나이가 어린아이에게는 형들과 동등한 경쟁을 할 수 있는 기회를 주는 것입니다. 큰 아이들도 비록 출발선 뒤에서 출발했지만 어린 동생에게만은 지고 싶지 않아서 열심히 달립니다. 또 어린아이들은 어린애 취급을 받는 것보다 형과 똑같이 대접받을(같이 뛰는 것 그 자체만으로도!) 때 신이 나서 더 잘해요.”

요코미네 원장 선생님은 이렇게 말하면서 이곳에서 이뤄지는 경쟁은 처음부터 잘하는 아이와 못하는 아이의 순위가 언제나 뒤바뀔 수 있는 경쟁이라고 말한다. 다시 말해 절대적인 순위를 매기는 경쟁이 아니라 매번 경쟁하는 조건이 달라지는 경쟁이다. 그래서 달리기를 잘 못하는 아이도 경주에서 일등을 할 수 있고, 달리기를 잘하는 아이도 꼴찌를 하는 날이 있다. 그러다 보니 달리기를 마친 아이들의 표정이 한결같이 밝다. 순위에 연연해 하지 않는 경쟁구도이니 꼴찌했다고 해서 의기소침할 일도 없는 것이다.

사실 달리기라면 나도 적잖이 할 말이 많다. 어릴 적 나는 늘 달리기 꼴찌였다. 아무리 잘해 보려 해도 달리기를 할 때마다 번번이 꼴찌가 되고 보니 체육 시간도 싫었고 모든 체육활동에 자신이 없었다. 토리야마 어린이집처럼 경쟁은 있었지만 잘 못하는 아이에 대한 배려는 전혀 없는 교육을 받았던 것이다. 아마도 내가 어릴 때 토리야마 어린이처럼 달리기 경주를 경험할 수 있었다면 지금의 인생이 조금 달라져 있을지도 모르겠다. 어린 나에게 달리기는 감당할 수 없는 콤플렉스이자 딜레마였다.

토리야마 어린이집에 다니는 5세 남자아이들은 매주 한 번씩 레슬링을 한다. 마룻바닥에서 웃통을 벗고 반바지만 입은 채 2명씩 겨루는데 여기서 깜짝 놀랄 만한 광경이 펼쳐진다. 다섯 살배기 남자아이들이 어쩌면 그렇게 진지하게 레슬링을 하는지 참관한 나조차 제대로 숨 쉬지 못하고 손에 땀을 쥐며 지켜보았다. 아이들은 엎치락뒤치락하며 거의 10분 이상을 겨뤘다. 다섯 살배기 아이들이 이렇게 끈질기게 레슬링 경기를 할 수 있다는 것이 놀라웠다. 남자아이들은 마치 전국대회에 출전이라도 한 양 치열하게 경기를 하지만 이 또한 한 아이가 항상 이기거나 지지 않도록 선생님이 운영하기 때문에 승패와 상관없이 경쟁할 수 있다. 게다가 운동 능력과 집중력을 키울 수 있고, 강한 정신까지 기를 수 있는 체육활동이다. 사내아이들은 레슬링 시간에 에너지를 많이 발산하기 때문에 평상시에도 남자아이들끼리 다투거나 싸우지 않는다.

초등학생인 큰아이를 토리야마 어린이집에 보냈고, 지금은 작은아이를 같은 어린이집에 보내고 있는 기다 구루미 씨는 토리야마 어린이집에 다니면서 아이가 가장 많이 달라진 점을 물으니 "지기 싫어하고 승부욕이 강해진 점"이라고 말한다. 그렇다면 자신이 다른 아이보다 무언가 못한다는 생각을 할 경우에는 아이가 많이 힘들어하지는 않는지 물어 보았다.

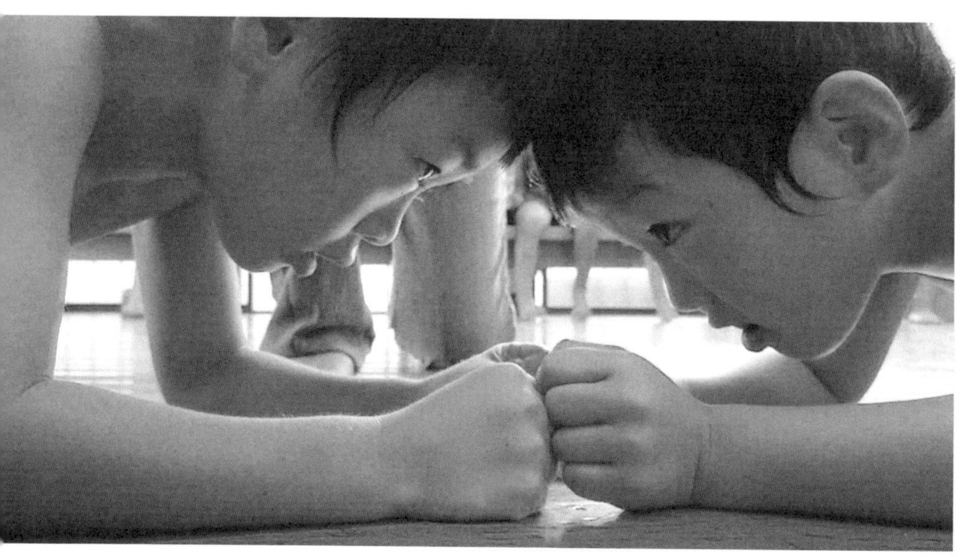

아이들은 전국대회에 출전한 것처럼 치열하지만

승패와 상관없이 경쟁을 즐긴다.

레슬링은 운동 능력과 집중력, 강한 정신을 기를 수 있다.

토리야마의 사내아이들은 레슬링으로 에너지를 발산하기 때문에

평상시에도 다툼이나 싸움이 없다.

기다 구루미 씨는 "아이가 집에 와서 오늘은 무엇을 못했다고 말하지만 언젠가는 할 수 있다, 열심히 하면 할 수 있다는 자신감을 갖고 있어요. 다음날이 되면 아이는 이미 기분 전환이 돼 또다시 열심히 하기 때문에 저는 그날 아이가 못한 것을 그리 심각하게 생각하지 않습니다."라고 말한다.

요코미네 원장은 시종일관 "이 세상에서 할 수 없는 아이는 없다."고 주장한다. 짧게 보면 당장 무언가를 못하는 아이가 있겠지만 멀리 보면 모든 아이들이 기어코 해낼 수 있다. 교육자의 가장 큰 역할은 아이가 할 수 있다는 믿음을 가질 수 있는 환경을 만들어 주는 것, 그 다음엔 응원하며 기다려 주는 것이다. 요코미네 원장은 이런 믿음을 갖고 있기 때문에 '경쟁하고 싶어하는' 아이들의 특성을 잘 활용하고 있는 듯하다. 한두 아이가 할 수 있는 것은 그것이 무엇이 됐든 토리야마 어린이집의 모든 아이가 할 수 있다. 우리 집 아이들도 경쟁도 하지만 동시에 성취도 할 수 있는 기회가 주어진다면 분명히 달라질 것이다. 막내딸이 바이올린을 하지 않겠다고 울게 만든 건 결국 나였다. 정말 부끄러웠다.

주판을 부활시키다

　최근 한국에서도 주판의 효용성이 다시 부각되고 있다. 그간 한물 간 학습 도구로 여겨졌던 주판이 다시 등장하게 된 배경은 아이들의 계산 능력과 암기력 향상에 도움이 된다는 점이다. 휴대전화를 비롯해 전자계산기가 어디에나 널려 있는데도 인간은 기계의 힘을 빌리는 것보다 스스로 생각하는 방법, 스스로 계산하는 것(비록 오류가 날 확률이 높아도!)이 가장 인간답다고 생각하는 듯하다.

　토리야마 어린이집에서는 초등학생을 대상으로 '방과 후 학교'를 별도로 운영하고 있다. 일본 큐슈 섬 남단에 있는 가고시마 현에서 차로 한참 달려야 도착할 수 있는 외딴 곳에서 사는 초등학생들이 방과 후에 배울 수 있는 교육기관이 있을 리 만무하다. 그래서 학부모들이 요코미네 원장 선생님에게 '방과 후 학교'를 운영해 주길 부탁했고, 요코미네 원장은 고민 없이 이를 수락했다. 요코미네 원장 선생님이 말하는 10세 임계기(臨界期, 발달 과정에서 어떤 시기에 적절한 자극을 주면 그 시기에 반응이 확립돼 나중의 발달에 유리하게 작용한다는 시기. 특정 자극에 대한 감수성이 높아지는 시기임)에 해당하는 아이들이니 자신의 교육 철학과도 부합하는 측면이 있었고, 어린이집 졸업생들을 위한 또 다른 방식의 기여라고 생각했기 때문에 흔쾌히 수락한 것이다. 토리야마 어린이집의 초등학생 방과 후 학교는 이렇게 시작됐다.

10세까지를 평생 살아가는 데 기초가 되는 배우는 힘, 즉 학력을 기르는 중요한 시기로 보는 요코미네 원장 선생님은 아이가 열 살이 넘으면 학습 습관이나 능력이 거의 형성된다고 생각한다. 그 이후로는 어른들의 도움이 별 효과가 없기 때문에, 10세 전에 학력을 기를 수 있는 틀을 잡아 놓는 것이 중요하다고 생각한다. 요코미네 원장 선생님은 토리야마 어린이집에서 가르친 아이들이 어린이집을 졸업한 후 적절한 교육을 받지 못해 그때까지 쌓아 놓은 것마저 무너뜨리는 게 너무 안타까웠다고 한다. 그래서 지금껏 방과 후 학교를 통해 자신의 교육법을 그대로 구현하고 있는 것이다.

이 방과 후 학교에서 가장 눈길을 끄는 것은 주산 수업이다. 내가 초등학교를 다닐 때만 해도 동네 곳곳에 주산학원이 많았다. 또래 친구들도 주산학원을 한두 번씩 다녔고 주산학원 근처에는 얼씬거리지도 않은 나조차 주판은 낯익었다. 21세기 들어 구시대의 유물로 낙인찍힌 주판으로 주산 수업을 하는 이유가 궁금했다. 취재진은 먼저 아이들이 얼마나 계산을 잘하는지 살펴보기로 했다. 그리고 눈앞에 펼쳐진 광경은 우리 눈을 의심하게 만들었다.

칠판에 여섯 자리 숫자와 다섯 자리 숫자를 곱하는 곱셈식 문제를 한 줄 썼더니 금방 여기저기서 손을 번쩍번쩍 드는 게 아닌가! 나도 낑낑대며 한참을 계산해야 하는데…… 초등학교 저학년 학생들이 소수점 문제까지 척척 해내는 것을 보고 우리는 완전히 손을 들고 말았다. 아이들에게 계산이 어렵지 않느냐고 물었으나 무슨 문제든 몇 자리 수 곱셈이건 나눗셈이건 자신 있다는 것이 그들의 대답이었다. 이번에는 주판을 사용하지 않는 암산 문제를 내 보았다. 마찬가지였다. 아이들은 암산의 천재였다. 주산을 자꾸 하다 보면 암산도 수월하다고 한다. 심지어 초등학교 1학년인 오야코 하루는 나에게 암산을 잘하는 요령을 알려 주기도 했다. 머릿속에 주판을 그려 놓고 손가락으로 주판알을 튕기는 것처럼 계산하라고 했다.

일본도 한국과 마찬가지로 1980년대를 기점으로 주판이 자취를 감췄다. 그러나 요코미네 원장 선생님은 초등학생 방과 후 학교를

취재진은 눈앞에 펼쳐진 광경을 믿을 수 없었다.

토리야마의 어린아이들은 계산의 천재들이었다.

아이들은 요코미네식 교재로 덧셈과 뺄셈, 수와 양에 대해 알게 되면

주산 수업을 받는다.

수업 내내 진지하게 집중하는 모습이 참으로 인상적이다.

연 지 얼마 되지 않아 주판을 다시 부활시켰다. 원장 선생님은 방과 후 학교에 오는 초등학생들을 자세히 관찰해 본 결과 아이들이 수학 숙제를 할 능력이 없다는 걸 알았다. 수학 능력이 처지다 보니 숙제를 하는 데만 시간이 많이 걸렸고 그나마 이도 제대로 못했다. 이는 초등학교에서도 미처 손을 쓰지 못했고 부모가 봐 줄 수도 없는 상황이었다. 아이들 스스로 수학 숙제를 할 수 있을 정도로 실력을 길러 주는 것, 이것이 '방과 후 학교'의 미션이 됐다.

아이들이 수학을 잘 못하는 원인을 찾던 요코미네 원장은 아이들의 계산 능력 부족을 가장 큰 이유로 지목했다. 토리야마 어린이집을 졸업한 아이들은 책을 많이 읽어서 문제 분석은 잘했지만 상대적으로 계산 실력이 낮았다. 그렇다 보니 시험 성적도 좋지 않았고, 수학에 대한 자신감마저 상실하고 있었다. 계산 능력을 높이는 데 주판만 한 것이 없다는 요코미네 원장의 가설은 옳았다. 주산 수업을 시작하고 불과 한 달 만에 효과가 나타나기 시작했다. 아이들의 계산 속도가 빨라진 것은 물론이고 집중력과 자신감도 덩달아 높아졌다. '수학 숙제를 스스로 할 수 있게 한다'는 목표는 얼마 지나지 않아 이뤄졌고, 모든 아이가 6학년 때까지 주산 1급 자격증을 딴다는 목표까지 달성했다.

현재 토리야마 어린이집에서 방과 후 학교를 다니는 초등학교 4학년 아이들은 주산 1급 자격증을 따는 것이 목표로 돼 있다. 이런 성과에 힘입어 토리야마 어린이집 아이까지 주산 수업을 하고 있다. 그래도 네다섯 살짜리 아이들에게 주산 수업이 너무 무리 있는 것 아니냐고 물었더니, 지금까지 부작용은커녕 오히려 성과가 좋아서 아이들이 어린이집을 졸업할 때까지 7급 자격증을 딴다는 것이었다.

요코미네식 수학 교재로 아이들이 덧셈과 뺄셈, 수와 양에 대해 알게 되면 주산 수업을 시작한다. 5세반 주산 수업에는 딴짓 하는 아이 한 명 없는 것은 물론이고 수업하는 내내 아이들은 눈에서 섬광이 나올 것처럼 진지하게 집중하는 모습이 인상적이었다. 어떻게 해서 다섯 살 아이들의 집중력을 이만큼 높일 수 있는지 궁금했다. 토리야마 어린이집의 주산 수업에는 몇 가지 노하우가 숨어 있다.

첫째, 주산 수업 시간에 타이머를 사용한다. 칠판에 타이머를 붙여 놓고 문제를 풀 때마다 시간을 잰다. 아이들이 좀 더 빨리 정확하게 풀도록 독려하는 방법이다. 둘째, 실력이 비슷한 아이들끼리 경쟁을 시킨다. 3급은 3급끼리, 2급은 2급끼리 주산 수업을 받도록 해서 경쟁심을 자극한다. 셋째, 주산 수업이 곧 주산 시험이다. 주판을 하는 요령을 익히고 나면, 그 다음은 얼마나 많이 연습하느냐가 실력을 결정짓는다. 매 수업 시간마다 몇 회씩 시험을 보고 점수를 매긴다. 이렇게 꾸준히 반복하다 보니 아이들의 실력이 자연스럽게 높아졌다. 물론 주판 하나로 수학 공부가 완성되지는 않는다. 수학 공부에는 계산 능력뿐 아니라 문제 분석력, 논리적인 사고력이 필요하다.

감히 토리야마 어린이집과 초등학생 '방과 후 학교'가 수학을 가장 잘 가르치는 곳이라고도 할 수 없다. 그러나 요코미네 원장 선생님이 수학을 포기한 초등학생 아이들을 도와주기 위해 주판을 부활시킨 것은 아이들이 수학에 재미를 붙이는 데 크게 주효했다.

2,500권의 책을 읽은 아이들

　'책을 좋아하는 아이'는 이 세상 모든 부모의 로망이다. 나도 우리 집 딸들을 '책을 좋아하는 아이'로 키우기 위해 무던히도 노력했다. 추천 도서 목록을 뒤져 책들을 열심히 사 날랐고 1주일에 한 번씩 책을 대여해 주는 서비스를 받기도 했다. 이렇게 극성을 부려도 우리 집 딸들이 읽은 책은 아마 1,000권에도 훨씬 못 미칠 것이다. 그런데 토리야마 어린이집 아이들은 5세까지 2,500권의 책을 읽는다. 처음 이 사실을 들었을 때 나는 반사적으로 고개를 가로저었다. 다섯 살짜리가, 250권도 아니고 2,500권을 읽는다니 불가능한 일이다. 글을 읽지도 못할 나이에 그만큼 많은 책을 어떻게 소화할 수 있단 말인가.

사실 토리야마 어린이집을 조금이라도 둘러보면 언제나 어디서나 책 읽는 아이들을 쉽게 만날 수 있다. 독서 시간, 아침 자습 시간은 물론이고 쉬는 시간에도 책 읽는 아이들이 쉽게 눈에 띈다. 얼핏 훑어봐도 아이들은 누가 시키지 않아도 자발적으로 책을 읽고 있음을 금방 알아차릴 수 있다. 그야말로 책에 쏙 빠져 있는 모습이 역력하기 때문이다. 어떻게 아이들이 책을 이토록 좋아하게 만들었을까? 여기에도 요코미네 원장 선생님의 특별한 교육 방법이 숨어 있다.

아이의 수준에 맞게 책읽기에 대한 흥미를 불러일으키는 일부터 시작한다. 2세부터 히라가나를 가르쳐서 50음을 다 알게 되면 다음 단계는 책읽기로 옮겨간다. 토리야마 어린이집에서 글자를 익힌 속도가 빠른 아이는 2세부터, 대부분은 3세부터 책을 읽기 시작한다. 처음에는 글자를 많이 읽을 수 있도록 지도하다가 나중에는 스스로 책을 읽을 수 있도록 유도한다. 4세가 되면 아이가 읽고 싶은 책 위주로 술술 읽을 수 있도록 지도한다. 5세가 되면 한자가 섞인 책을 읽기 시작하고, 점점 책 목록을 초등학교 2, 3학년 교과서로 넓혀 나가는 방식을 취한다.

요코미네 원장 선생님은 아이들이 책 읽기에 재미를 붙이게 하기 위해 '경쟁'을 도입했다. '내가 이 정도 읽었다'는 것이 자신감으로 이어질 수 있도록 읽은 책 제목을 독서 노트에 기록했다. 3세 아이는 독

'요코미네식 독서법'은 아이들의 손이 잘 닿을 수 있는 곳에
책을 놔두는 것부터 시작한다.
독서 노트로 경쟁을 부추기고 아이가 무의식중에라도
책을 읽거나 좋아하면 칭찬해 준다.
책 읽기는 일상 속으로 스며들어 졸업할 때쯤이면
아이들은 2,500권이나 읽은 독서 왕으로 등극한다.

서 노트에 큰 관심을 보이지 않지만 네다섯 살이 되면 독서량 경쟁을 하기 시작한다. 독서 노트는 아이들이 책을 많이 읽도록 하는 데 큰 도움을 준다. 독서 노트 기록은 반드시 선생님이 한다. 책의 마지막 부분까지 다 읽은 경우에만 기록한다는 규칙을 엄격하게 적용한다.

독서 노트에는 읽은 책의 번호를 매기고 날짜와 책 제목을 적게 돼 있다. 한 권을 다 쓰면 맨 아래에 읽은 전체 책 권수를 적어 두고 새로운 노트를 묶어 준다. 보통 독서 노트 한 권을 다 쓰면 1,100권에서 1,300권 가량의 책을 읽은 것으로 볼 수 있다. 토리야미 어린이집에 다니는 5세 아이들은 이런 독서 노트를 대부분 두 권째 쓰고 있었고, 세 권째인 아이들도 몇몇 있었다. 5세 아이들의 독서 노트를 보면서 내가 마치 그 노트 주인의 엄마가 된 듯 마음이 뿌듯해졌다. 아이들의 좋은 독서 습관은 아이의 평생을 좌우할 만큼 중요하다고 생각하고 있는 나로선 두터운 독서 노트의 질감이 피부 깊숙이 배어드는 것 같았다.

요코미네 원장 선생님은 토리야마 어린이집 설립 초기부터 책읽기를 매우 중요하게 생각했다. 어떻게 하면 아이들 몸에 독서 습관이 배이도록 할 수 있을지 여러 가지 방법을 놓고 고민하다가 '요코미네식 독서법'을 계발했다. 먼저 아이들의 손이 잘 닿을 수 있는 위치에 다양한 책들을 구비해 놓았다. 독서 노트를 기록해 독서 경쟁을 부추기는가 하면 책을 좋아해서 책을 많이 읽는 아이들을 칭찬해 주었다. 아이들의 대부분은 빠르면 두 살부터 책 읽는 환경에서 자라게 되니 책 읽기는 자연스럽게 아이들의 일상생활 속으로 스며들게 돼 있다. 아이들은 어린이집에 등원을 하기만 하면 손쉽게 책을 집어서 읽을 수 있고, 어린이집을 졸업할 무렵이면 2,500권의 책을 읽은 독서 왕이 돼 있을 수밖에 없었다.

제아무리 독서가 아이들에게 좋다지만 두 살부터 책을 읽도록 하는 것이 무조건 좋기만 한 것인지, 부작용은 없는지 알 수가 없다. 일본도 한국과 마찬가지로 가정에서 엄마가 열심히 가르치는 아이들은 어린 나이에 글을 읽을 수 있지만, 대체로 초등학교 입학하기 1, 2년 전부터 글자를 익히기 시작한다. 그에 비하면 토리야마 어린이집의 아이들은 상당히 빠른 시기에 글자를 익히는 편이지만 아직까지 조기에 글을 깨치는 것이 문제가 된 적은 없었다고 한다. 어린아이들은 처음으로 글자를 읽을 수 있게 되면 거리에 있는 간판을 읽는 것을 시작으로 책을 떠듬떠듬 읽게 된다. 그러다 자신이 아는 낱말이 나오면 점점 더 신이 나서 글자를 읽고 외우게 되는 단계를 거친다. 어린아이에게 강제로 글을 가르친 것도 아니고 아이 스스로 글자를 읽고 배우는 과정에 눈을 뜨게끔 도와준 것이 전부일 뿐이다.

나도 글자를 알지 못했던 어린 시절에 길거리 간판에 쓰여 있는 글

독서 노트의 두께감이나 나달나달한 질감은

아이들의 책 사랑을 그대로 보여 준다.

어린아이들에게는 최초의 모국어 익히기는

또 다른 세계의 문을 열어 주는 것과 마찬가지다.

즐거운 경쟁의 시작인 셈이다.

자들이 무엇을 말하고 있는지 참으로 궁금해했던 기억이 난다. 글자를 모르니 읽을 수도 없어서 그냥 마음대로 글자를 상상해서 읽어버리곤 했다. 집 근처 있는 '영천이발관'은 남자들이 머리 깎는 곳인 줄은 알았지만 간판을 읽을 줄 모르니 간판에 뭐라고 적혀 있는지 알 수가 없었다. 그나마 작은 숫자는 셀 수 있어서 '영천이발관'을 다섯 글자에 맞춰서 '머리깎는곳'으로 읽고는 뿌듯해 하기도 했다. 후에 글자를 읽을 수 있었을 때는 간판이란 간판은 모조리 읽어야 직성이 풀렸고 책을 읽는 것이, 책을 읽을 줄 안다는 것이 그렇게 재미있을 수 없었다. 이처럼 한 아이가 최초로 모국어를 익히는 과정은 그 아이에게 세상으로 향하는 최초의 문이 열리는 것처럼 즐거운 기억이 되어야 한다.

아이가 글자에 관심이 없는데도 무리하게 글자를 가르치는 것도 문제지만 아이가 글자에 관심을 가질 수 있는 환경을 충분히 조성하지도 않고 무작정 기다리는 것도 자랑할 일은 못 된다. 내 아이의 취향과 관심은 고려하지 않고 단지 다른 아이들보다 빨리 배우게 하기 위해 어린아이에게 글자를 가르치는 것에 나는 주저 없이 반대표를 던질 것이다. 하지만 내 아이를 '책 읽기 좋아하는 아이'로 키우고 싶다면, '책을 사랑하는 아이'로 키우고 싶다면 요코미네 원장 선생님처럼 아이의 특성에 맞는 환경을 마련하려는 노력 또한 매우 중요하다.

시골 가는 엄마들

토리야마 어린이집에 발을 들여 놓은 순간부터 촬영을 마치고 나올 때까지 취재진의 일상은 놀람과 감탄의 연속이었다. 토리야마 어린이집의 아이들이 취재진에게 보여 준 모습은 놀라운 장면들뿐이었다. 요코미네 원장 선생님이 토리야마 어린이집에서 이룬 성과는 믿기 어려운 기적이었다. 한마디로 토리야마 어린이집 아이들은 못하는 것 없는 천재 집단이었다.

세 살짜리 아이가 한눈에 보기에도 어려운 책을 술술 읽어 내려가고, 글자를 쓸 줄 알 뿐 아니라 다섯 살 아이가 2,500권의 책을 읽은 독서 왕으로 등극한다. 네 살에 주산을 시작해 다섯 살이 되면 주산 7급 자격증을 따는 것도 놀랍지만, 체조 선수나 서커스 단원을 능가

토리야마 아이들은 못하는 것 없는 천재들이다.

세 살짜리가 어려운 책을 술술 읽고,

다섯 살짜리는 주산 7급 자격증을 딴다.

체육 시간은 묘기대행진이 따로 없다.

아이들은 양손 텀블링은 물론이고

키보다 높은 뜀틀을 새처럼 훨훨 뛰어넘는다.

하는 모습을 보여주는 체육 시간은 묘기대행진이 따로 없다. 네다섯 살에 불과한 작은 덩치의 아이들이 양손 텀블링은 물론이고, 한 손 텀블링, 2단 텀블링을 제 손 뒤집듯 해치우는가 하면 자신의 키보다 족히 20센티미터는 더 높은 뜀틀을 새처럼 훨훨 날아 가뿐히 뛰어넘는다. 모든 아이들이 물구나무서기로 오랜 시간을 버티는 것은 보통이고 물구나무서기 자세로 걸어 다니는 아이들도 있다(서커스 단원 교육 현장이 이럴까?).

토리야마의 아이들은 세 살이 되면 절대 음감을 기르는 수업에 참가한다. 그것도 소리에 집중하기 위해 눈을 가리고 피아노 소리를 듣는다. 이렇게 해서 절대 음감을 얻게 되면, 악기 연주를 시작한다. 네 살이 되면 기악 합주에 참여한다. 아마 이 책을 읽고 있는 독자들이 아이들의 연주를 들을 수 있다면 감동이 북받쳐 오르는 것을 주체할 수 없을 것이다. 아이들은 큰북, 드럼, 피아노, 실로폰 심지어 심벌즈까지 그렇게 열심히 연주할 수가 없다. 진지하게 최선을 다하고 있는 모습에서 세상의 어떤 음악이 이토록 아름다울 수 있을까 하는 생각에 행복했다.

요코미네식 교육의 성과가 일본 전역으로 퍼져나가 일본 전국에서 토리야마 어린이집을 찾아오는 사람들이 부쩍 늘어났다. 우리가 취재하는 동안에도 매일 견학을 하기 위한 사람들이 어린이집으로 몰려왔다. 유치원 선생님뿐 아니라 중고등학교 선생님들도 이곳으로 요코미네식 교육법을 배우기 위해 찾아왔다. 사이타마 현에서 온 중학교 선생님은 중학생을 가르치는 데 뭔가 힌트를 얻을 수 있을 것 같아서 이곳을 찾았다고 한다.

그는 "여기에 있는 모든 아이들이 다 잘하는 게 가장 인상 깊습니다. 우리 학교에는 학생들 간의 학습 격차가 심한 편인데 여기서는 그런 차이를 전혀 발견할 수가 없어요. 못하는 아이가 없다는 건 교육자 입장에서도 상당히 놀라운 발견입니다. 아이들의 경쟁 심리를 교육적으로 잘 살린 결과가 아닐까 생각합니다."라고 말했다.

요코미네식 교육법이 방송도 타고 책으로도 출간되면서 유아교육 관련자뿐 아니라 일반 학부모들까지 관심을 보이고 있다. 토리야마 어린이집에 아이를 보내기 위해 멀리서 이사 오는 엄마들도 있었다. 그중에는 두 달 전에 남편은 직장 때문에 도쿄에 남고, 아이들만 데리고 가고시마 현으로 이사 온 엄마도 있었다. 좀 더 좋은 교육을 받기 위해 도쿄를 떠나 시골로 이사 올 정도로 요코미네식 교육 열풍은 도시와 시골의 경계를 허물 만큼 열기가 대단했다. 도쿄에서 온 이마쿠 치하루 씨는 토리야마 어린이집으로 오길 잘했다고 생각하고 있었다.

"큰아이가 다섯 살인데 숫자를 열까지밖에 못 셌는데 이곳에 와서 한 달 만에 백까지 세더라고요. 예전엔 간단한 덧셈도 못했어요. '일

대도시 도쿄에 사는 엄마들이

아이와 함께 시골로 이사를 감행한다.

자연이 그리워서, 도시생활에 싫증나서도 아니다.

단지 토리야마 어린이집에 아이를 보내기 위해서다.

더하기 일'을 '십일'이라고 계산할 정도니 말 다했지요. 지금은 계산
도 아주 잘해요. 틀리지도 않고요. 히라가나도 일곱 자밖에 못 읽었
는데 지금은 다 읽을 수 있어요. 공부뿐 아니라 체력을 길러 주는 것,
음감을 길러 주는 것도 모두 맘에 들어요."

　가고시마 현으로 이사 온 지 일주일밖에 되지 않은 모토이케 요코
씨도 만났다. 그녀는 "요코미네식 교육법으로 유명한 토리야마 어
린이집에 아이를 입학시키고 싶어서 이곳으로 이사 왔어요. 여기 와
서 가장 놀라운 것은 공부와는 담 쌓고 지내던 아이가 스스로 공부
를 시작한 거예요. 친구들이 하는 걸 보고 영향을 받아서 자기도 하
고 싶다는 얘기를 꺼냈을 때 정말 오길 잘했다는 생각이 들었어요."
라고 말한다. 요코미네 원장 선생님과 어린이집 선생님들도 아이들
의 변화가 놀라웠다고 털어놓는다.
　"예상 밖이었어요. 제가 생각한 것 이상으로 모든 아이들이 수업
에 집중하는 걸 보고 믿어지지 않았습니다. 아이들이 경쟁을 좋아한
다는 걸 깨닫는 순간 제대로 핵심을 짚었다는 생각은 들었지만 이렇
게 예외 없이 모든 아이가 성과를 낼 줄을 몰랐습니다."라고 요코미
네 원장도 당시의 소회를 밝혔다.

　27년 동안 토리야마 어린이집에서 아이들을 가르치고 있는 도미

시게 마유미 선생님은 "처음에는 과연 모든 아이들이 한 명도 낙오하지 않고 수업을 잘 따라와 줄까 하는 걱정이 많이 들었어요. 두 살짜리 아이들을 공부시키는 것이 가엾기도 했고요. 하지만 아이들은 정말 하고 싶어 했어요. 아이들은 자신이 하고 싶은 걸 하면서 누구나 할 수 있다는 것을 알게 되더라고요. 자신감도 가지고요. 저도 그런 과정을 쭉 지켜보면서 유아기의 아이들을 그냥 내버려 두는 것이 아깝다는 생각을 처음 하게 됐어요. 우리 어린이집에서는 아이 나이가 어리든 많든 누구든지 하고 싶으면 할 수 있다는 생각이 당연시되고 있어요. 아이들이 못하는 건 없어요. 단지 어른들이 아이들은 어리기 때문에 못할 거라고 지레짐작할 뿐이에요. 아이들은 그렇지 않은 데 말이죠."라며 토리야마 아이들에 대한 진한 애정을 표현했다.

10까지밖에 셀 수 없었던 아이가 100을 세고, 수학 숙제도 제대로 하지 못했던 아이가 수학시험에서 1등을 하고, 5단 뜀틀을 힘겨워하던 아이가 10단 뜀틀을 수월하게 넘는다. 이 모든 것이 우리의 예상과는 달리 '아이들은 경쟁하기를 좋아한다'는 특성을 잘 살린 덕이었다. 토리야마 어린이집 선생님들은 아이들에게 '나도 할 수 있다'는 자신감을 심어 주었다. 그 결과 토리야마 어린이집의 아이들은 일본 교육계가 경이로운 시선으로 바라보는 특별한 존재가 됐다. 이

것은 기적이다. 그것도 우리 주변에서 언제나 일어날 수 있는 기적
인 것이다.

대단한 아이들 주변에는 대단한 선생님들이 있다.

이 대단한 선생님들이 하는 일은 아이들에게

어떤 시련을 줘야 할지 궁리하는 것이다.

아이가 조금만 더 잘하면 충분히 극복할 수 있는 시련을 주기 위해

불철주야 아이들을 지켜보고, 기다리고, 목청이 터져라 격려한다.

아이들은 조금 더 어려운 것을 하고 싶어 한다

아이들 스스로 찾아서 공부하는
토리야마 어린이집 2

아주 조금만 어렵게 가르친다

이번 취재를 하면서 개인적으로 많은 것을 느꼈다. 엄마로서, 사랑이라는 이름으로, 지나친 욕심으로 사랑하는 세 딸들에게 행한 과오와 허물이 햇빛에 그대로 드러나는 느낌이었다. 순전히 엄마의 기대치에 맞춰 턱없이 높은 목표를 세워 놓고 아이들에게 그 목표에 도달해야 한다고 힘줘 강요한 적도 많았고, 경쟁심을 자극하고자 다른 아이들과 비교하면서 분발을 촉구하는 만행도 서슴없이 저질렀음을 겸허하게 인정한다.

큰딸의 수학 실력이 또래에 비해 중간밖에 되지 않는데도 수학 문제집을 심화 과정으로 고른다거나, 막 영어 문법을 시작한 둘째딸에게 중급 영문법 책을 사 주거나 한 것은 지금도 부끄럽다. 어려운 문제를 풀 줄 알면 쉬운 것까지 한꺼번에 알게 되지 않을까 하는 어리석은 소망과 함께 뭐든지 빨리 잘했으면 하는 욕심이 앞섰다는 것을 인정하겠다. 내가 저지른 욕심의 결과는 당연히 좋지 않았다. 재차 말하지만 항상 좋지 않았다. 아이들이 하기 싫어해서 억지로 시키다가 내 풀에 지쳐 포기하는 상황만 반복됐다.

토리야마 어린이집의 요코미네 원장 선생님은 '아이들은 경쟁하기 좋아한다'는 대발견(?) 이래, '아이들이 조금 더 어려운 것을 좋아한다'는 것을 알아낸 것도 콜롬버스의 발견에 버금가는 것으로 친다. 좀 더 정확하게 말하면 아이들은 어려운 것을 싫어한다. 하지만 너무 쉬운 것에도 싫증을 낸다. 다만 자신의 실력보다 조금만 더 어려운 것을 좋아할 따름이다. 아이들의 이런 특성을 잘 알고 있으면 좋은 결과를 이끌어낼 수 있다.

요코미네 원장이 '조금 더 어려운 것을 좋아하는 아이들'의 특성을 어떻게 교육에 활용했는지를 알아보기 전에, 일본어 구성에 대해 간단히 살펴 보자. 일본어는 히라가나와 가타카나, 한자로 이뤄져 있다. 히라가나는 일반적인 단어와 어미를 쓸 때, 가타카나는 의성어나 의태어, 외래어를 쓸 때 사용하고 한자는 일반적인 단어를 쓸 때 사용한다. 일반적인 단어는 히라가나와 한자 둘 중 어느 것을 써도 괜찮지만 학년이 올라갈수록 한자 표기가 늘어난다. 그러니까 일본어에서 가장 많이 쓰이는 글자는 히라가나라고 보면 된다.

토리야마 어린이집에서는 아이들이 '조금 더 어려운 것을 좋아한다'는 명제를 글자 쓰기에 적용하고 있다. 일본어의 히라가나는 아(あ), 이(い), 우(う), 에(え), 오(お)로 시작된다. 한글의 가, 나, 다, 라에 해당되는 셈이다. 두 살에 글자 읽기를 배울 때는 그 순서대로 46개의 글자를 눈으로 익힌다. 그런데 쓰기 과정에서는 달라진다. 아(あ), 이(い), 우(う), 에(え), 오(お) 순으로 쓰지 않는다. 아(あ)는 어려운 곡선이 들어 있어 이제 막 쓰기를 시작한 아이들에게 어렵기 때문이다. 대신 요코미네식 쓰기 교재의 처음은 가로선 긋기부터 시작한다. 그 다음은 세로선 긋기다.

아이가 가로선 긋기와 세로선 긋기에 익숙해지면 가로선과 세로선이 합쳐진 열십 자(十)를 쓴다. 이렇게 기본을 익히고 나서, 처음 쓰는 글자는 일본어 가타카나의 니(ニ)다. 세 살 아이가 쓰기에 가장 쉬운 일본어 글자다. 히라가나는 곡선이 많고 가타카나는 직선이 많다. 그래서 히라가나보다 가타카나 쓰기를 먼저 한다. 가타카나 중에서도 아(ア), 이(イ), 우(ウ), 에(エ), 오(オ) 순서로 하지 않고 가장 쉽고 간단한 글자부터 시작한다. 이유는 바로 아이들은 너무 어려운 것을 싫어하기 때문이다.

글쓰기가 약한 아이에게 약간 어려운 글자를 쓰게 하면 흥미를 갖고 순조롭게 써 나간다. 하지만 순서대로 배워야 한다는 고정관념에서 벗어나지 못하고 히라가나 아(あ), 이(い), 우(う), 에(え), 오(お)부

요코미네식 일본어 쓰기는 쉽고 간단한 글자부터 쓰는 것이다.

필력이 약한 아이에게 아주, 조금만, 어려운, 글자를 쓰게 하면

흥미를 갖고 순조롭게 써 나가지만

히라가나를 순서대로 배워야 한다는 관념에서 벗어나지 못하면

아이가 능숙하게 글자를 쓰기까지 오랜 시간이 걸린다.

터 쓰게 했다면 능숙하게 글자를 쓰기까지 훨씬 오랜 시간이 걸렸을 것이다.

'아이들은 조금 어려운 것을 좋아한다'는 특성은 독서 교육에도 그 대로 적용된다. 처음 책을 읽기 시작한 아이는 글자 수가 적고 내용 도 쉬운 책을 읽게 한다. 조금만 집중하면 세 살 아이도 쉽게 읽을 수 있는 수준의 책으로 고르는 건 기본이다. 그러다가 서서히 글자 수 가 많고 어려운 책으로 옮겨간다. 반대로 글 읽기에 익숙한 아이에 게 내용이 적고 쉬운 책을 읽히면 오히려 책 읽기를 싫어하게 된다 고 한다. 여기서 중요한 것은 아이의 수준보다 조금 더 어려운 책을 읽도록 하는 것이다.

'조금 더 어려운 것을 좋아하는 아이들'을 잘 지도하려면 일대일 교육이 되어야 한다. 단체 지도로는 수준 차가 있는 아이들을 효과 적으로 가르칠 수 없다. 토리야마 어린이집은 나이별로 반이 구성돼 있지만 실제로는 아이마다 일대일 교육, 즉 개별적인 학습을 하고 있다고 봐도 무방하다. 취재진은 쓰기 수업 중인 3세반에 들어갔는 데 16명이 한 반이고, 지도하는 선생님은 두 명이었다. 아이들은 요 코미네식 교재로 쓰기 공부를 하고 있었는데 아이들마다 쓰고 있는 페이지가 달랐다. 진도가 빠른 아이는 곡선이 들어간 글자를 쓰고 있었고, 느린 아이는 세로 줄 긋기를 하고 있었다.

선생님들은 교실을 돌아다니며 아이 한 명 한 명을 지도하고 있었다. 가타카나 노(ノ)를 쓰고 있는 아이가 옆으로 긋는 것(ノ)을 어려워하자 선생님이 직접 시작점과 끝점을 찍어 준다. 아이는 두 점을 서로 연결하는 연습을 하다가 얼마 후에 혼자서 능숙하게 노(ノ)를 쓴다. 서두르거나 다그치지 않고 아이의 수준을 고려해서 조금 더 어려운 과제를 내주는 방식으로 네 살이 되기 전에 모든 아이가 글자를 쓸 수 있게 되는 것이다.

사실 한국에서도 아이 수준에 맞게 가르쳐야 한다고 자주 이야기하지만 이는 '조금 더 어려운 것을 가르친다'는 것과 같은 원리다. 여기서 말하는 아이 수준은 지나치게 쉬운 것도 아니고, 지나치게 어려운 것도 아니다. 아이가 적절하게 도전할 수 있는 과제를 주는 것이다. 좀 더 정확하게 말하면 조금만 더 어려운 것을 가르치는 것이다. 아이 수준에 맞춰 가르치는 것이 '아이들에게 조금만 어려운 것을 가르친다'는 것과 같다는 걸 알았더라면 무엇보다 지나치게 어려운 책들을 사다 나르는 개념 없는 엄마가 되지 않을 수도 있었을 것이다. 부디 현명한 엄마 독자들께선 나의 뼈아픈 과오를 되풀이하지 않길 바란다.

칠판 메모의 위대함

취재진들은 토리야마 어린이집 아이들이 등원하면서부터 집으로 갈 때까지 하루 일과를 쭉 함께했다. 아침 7시 30분, 빈 교실에서 취재진들이 기다리고 있으면 아이들이 하나 둘 등원하기 시작한다. 토리야마 어린이집의 하루 일과는 8시 30분, 운동장에서 달리기 경주를 하는 것으로 시작된다. 그러나 부모님이 일찍 출근하는 집의 아이들은 일찍 등원하기도 한다. 일단 어린이집에 등원하면 아이들은 8시 30분까지 자유 시간을 즐길 수 있다.

아이들은 교실에 들어오자마자 가방도 벗지 않고 칠판 앞으로 가서 선다. 칠판에는 빼곡하게 글이 적혀 있다. 아이는 한참 동안 칠판을 유심히 들여다보며 소리 내어 칠판에 적힌 것을 읽는다. 그러고 나서는 가방을 풀어 노트를 꺼내는 아이도 있고 책을 가져다 읽는 아이도 있다. 선생님은 전날 퇴근하기 전에 칠판에 내일 날짜와 요일을 적고 아이들이 해야 할 일과 전달사항을 기록해 둔다. 선생님이 칠판에 적어둔 내용은 대략 이런 것이다.

〈일기 주제〉 오늘 어린이집에 올 때 있었던 일.
"점심시간 전까지 쓰기 과제를 마칩시다."
"나츠키 선생님 생일 축하합니다."

〈선생님의 일기〉

안녕하세요? 어제는 라면이 맛있었죠?
리노 짱은 국물까지 다 먹었어요.
모두가 맛있게 먹는 것을 보고 선생님은 굉장히 기뻤어요.

이렇게 칠판에는 오늘 쓸 일기 주제와 해야 할 일, 축하해야 할 일, 선생님의 일기 등이 적혀 있다. 중요한 것은 선생님이 아이들이 아는 것보다 조금 더 어려운 문장으로 칠판에 써 놓는다는 사실이다. 간혹 아이들이 읽지 못하는 글이나 어려운 내용을 슬쩍 끼워 넣기도 한다. 그렇다고 아이들이 전혀 모르는 어려운 내용은 아니다. 문맥을 생각하면 어느 정도 유추해서 알 수 있는 정도의 문장들로 구성한다. 조금 더 어려운 것을 좋아하는 아이들의 특성을 일상생활에까지 활용하고 있는 것이다.

이런 칠판 메모는 3세반부터 시작된다. 선생님은 아이들이 글을 읽기 시작하는 동시에 칠판 메모를 남기기 시작한다. 3세반은 간단한 문장을 써 둔다. 연령이 높아질수록 문장이 길어지고 어려워진다. 토리야마 어린이집의 교육은 우리가 생각하는 것보다 훨씬 치밀하고 구조적이었다.

아이들에게 조금 더 어려운 문장을 읽고 이해하게 만드는 것 외에도 칠판 메모는 여러모로 유용한 점이 많다. 선생님이 얘기하지 않아도 아이들은 아침에 등원하자마자 스스로 할 일을 알아서 하게 만든다. 아이들이 등원해서 가장 먼저 하는 일이 그날 '해야 할 일'을 확인하는 것이다. 아이들에게 좋은 습관을 길러 주기에는 참으로 괜찮은 방법이다.

또 칠판 메모는 아이가 주위 사람들에게 관심을 갖도록 해 준다. 선생님이나 친구에게 일어난 기쁜 일, 슬픈 일을 적어 함께 나누도록 한다. 선생님은 일기를 통해 그날 있었던 일을 기록하기도 하지만 이에 덧붙여 아이들의 의욕과 관심을 불러일으키기 위해 특별히 한 아이의 행동을 구체적으로 칭찬하기도 한다. 예를 들어, '니노 짱이 점심을 조금도 남기지 않고 다 먹었다', '타로 군이 청소를 제일

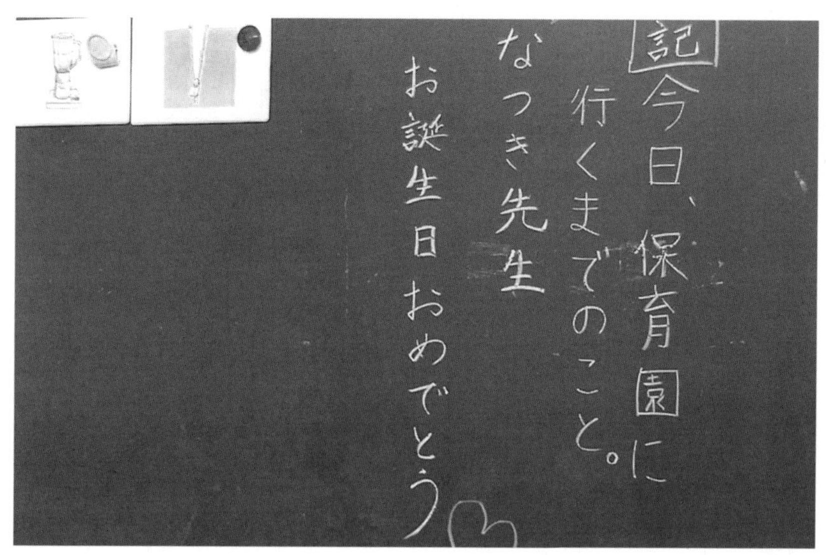

별것 아닌 것 같은 선생님의 칠판 메모는 대단한 역할을 한다.

어린아이들에게 글자를 읽는 훈련도 하고,

주변 사람들에게 관심을 기울이게 하고,

내 이름이 칠판에 올라가도록 아이를 더욱 분발하게 만든다.

잘했다’, ‘토모 짱은 지금까지 어려워하던 10단 뜀틀을 어제 드디어 넘었다’, ‘사케미 짱이 히라가나를 전부 쓸 수 있게 되었다’는 식의 메모로 아이의 관심 영역을 주위 사람들에게로 넓혀 준다.

칠판 메모에서 칭찬을 받은 아이는 더 잘해서 칭찬받고 싶다는 의욕을 다지고, 자신의 이름이 칠판 메모에 쓰이게 되면 좋겠다는 바람 때문에 다른 아이들도 더욱 열심히 하게 된다. 글을 읽는다는 것은 글을 쓰기 위한 준비 과정으로 볼 수 있다. 칠판 메모는 아이들에게 작문을 할 수 있는 토대를 제공하며 아이들의 시선과 관심의 확장, 의욕과 분발을 촉진하는 매개체가 되는 것이다. 정말 별것 아닐 것 같은 칠판 메모가 이렇게 큰 역할을 하고 있으리라곤 아무도 생각하지 못했다. 그만큼 토리야마 어린이집 선생님들은 주도면밀했다.

우리 집 막내 아리는 유치원에 다니고 있다. 그리고 그곳에서는 한글이나 수학을 가르치지 않는다. 그렇다고 초등학교에서 한글을 가르치는가 하면 그것도 그렇지 않다. 아이들은 초등학교에 입학하면 한 달 동안 《우리들은 1학년》이라는 통합 교과서를 익힌 다음, 곧바로 받아쓰기에 들어간다. 초등학생들이 시험을 치르는 받아쓰기는 띄어쓰기, 문장 부호까지 맞아야 한다. 수학도 마찬가지다. 숫자 쓰기를 조금 배우다가 곧장 더하기 빼기로 들어간다. 이미 아이들이 입학하기 전에 다 배운 것으로 가정하고 진도가 매우 빠르다. 한마디로 단계적으로 준비하고 교육하는 과정이 없다.

토리야마 어린이집에서 아이가 쓰기 과정에 들어가려면 글자를 읽기 시작할 때부터 준비하는 것과는 상당히 대조적이다. 아이가 세 살 때부터 칠판 메모를 이용해 읽기 훈련을 시키고, 어린이집을 졸업할 때까지 3년 동안 지속적으로 일본어를 가르치는 것과는 차이가 나도 한참 차이가 난다. 토리야마 어린이집의 선생님들은 조금 더 어려운 것을 좋아하는 아이들의 특성을 이용해 아이들의 학습 효과를 높이고 있다. 선생님들이 무엇인가를 시도할 때는 반드시 분명한 목표가 있고 치밀한 학습 설계도를 그리고 있다. 즉, 한 가지 교육 활동은 체계적으로 다른 활동과 연계돼 있는 것이다.

다섯 살 아이들의 대단한 일기

가끔 우리는 왜 배우는지 잊고 산다. 마찬가지로 가르치는 사람도 가끔 목표를 잃어버리거나 잊기도 한다. 학생들은 대학 입시와 취직 외에는 달리 다른 목표들이 눈에 들어오지 않는다. 하지만 교육의 중요한 목표 중 하나는 말과 글로 자신의 생각을 표현하는 것이다. 한국의 젊은이들은 대학을 졸업할 때까지 무엇을 목표로 지금까지 공부해 왔고, 자신이 어디쯤 와 있는지 생각하는 사람도 드물다. 그런데 토리야마 어린이집은 어린아이들에게 무엇이 목표인지 정확하게 가르친다.

토리야마 어린이집 선생님들은 아이들의 글쓰기를 중요한 교육 목표로 삼고 있다. 글쓰기는 구체적으로 일기 쓰기를 말하는데 토리야마의 아이들은 다섯 살이 되면 일기를 쓴다. 그리고 선생님들은 아이가 다섯 살에 일기를 쓰게 하기 위해 2년 동안 체계적으로 준비한다. 물론 이 과정에서 '조금 더 어려운 것을 좋아하는' 아이들의 특성을 십분 활용한다.

아이가 세 살 때부터 글쓰기를 위한 준비 과정에 들어가는데 히라가나, 가타카나를 완전히 익힐 때까지 쓰게 한다. 겉으로는 '쓰기 수업'이라고 이름을 붙이지만 딱딱하고 엄격한 수업이 아니다. 세 살배기 아이들은 자유롭게 자신에게 맞는 진도대로 쓰고 선생님께 일대일로 지도받는다. 수업 시간도 10분 정도로 짧다. 하지만 이 수업은 하루도 빠짐없이 진행된다. 1년이 지나면 아이는 히라가나, 가타카나를 완벽하게 쓸 수 있게 된다.

또 아이가 네 살이 되면 베껴 쓰기를 한다. 아이들은 지나치게 어려운 것을 싫어하기 때문에 처음부터 어려운 문장을 쓰게 하지는 않는다. 사탕, 과자 등 아이들이 관심을 가질 만한 짧은 단어를 계속해서 쓰게 한다. 차츰 조금 더 어려운 글자로 단계를 높여간다. 세 글자가 다섯 글자가 되고 나중에는 문장이 된다. 그것이 되면 선생님은 맡은 반 아이들의 특성에 맞게 베껴 쓰기용 파일을 만든다.

어떤 선생님은 '하나 짱은 어머니를 잘 돕는다', '스즈키 군처럼 모두 청소를 열심히 하자'는 식으로 아이 한 명 한 명의 이름을 넣어서 문장을 만드는 것이다. 반 아이 전체의 이름이 들어간 칭찬 문장을 베껴 쓰게 하기도 한다. 아이들은 자기 이름과 친구들 이름이 같이 들어가 있기 때문에 즐겁게 베껴 쓴다. 이렇게 하면 두 가지 효과가 있다. 문장 쓰기 훈련이 되고, 나와 친구의 좋은 점을 알기 시작한다. 어떤 선생님은 히라가나를 가타카나로 바꿔 쓰고, 가타카나를 히라가나로 바꿔 쓰는 게임처럼 베껴 쓰기 문장을 만든다. 아이들은 자신들의 수준보다 조금 더 어렵기 때문에 재미있어 하며 열심히 베껴 쓴다.

아이가 다섯 살이 되면 초등학생용 신문 베껴 쓰기와 일기 쓰기를 함께 진행한다. 초등학생용 신문 베껴 쓰기는 여러 가지 효과를 볼 수 있다. 신문을 읽으면서 세상일에 관심을 가지게 되고 한자가 섞인 문장을 베껴 쓰면서 한자도 자연스럽게 익힐 수 있다. 또 신문은 육하원칙을 따르는 문장이 많아 문장을 올바르게 쓰는 습관도 들일 수 있다. 네 살부터 2년 동안 베껴 쓰기를 시키는 이유는 아이가 글이나 문장에 익숙해지도록 하기 위함이다. 선생님의 문장, 책, 신문 등을 베껴 쓰면서 문장에 익숙해지면 곧장 작문으로 이어진다. 즉, 일기 쓰기가 시작되는 것이다. 베껴 쓰기와 글쓰기가 동시에 진행된다.

일기의 목적은 비밀을 털어놓거나 하루 일과를 반성하는 것이 아니다.

일기는 아이의 역사이기도 하고 엄마의 역사이기도 하다.

아이들은 정말 마음으로 일기를 쓴다.

아주 짧은 문장이지만 그 속에 진심과 순수함이 담겨 있다.

일기 쓰기의 목표는 자신의 비밀을 털어놓거나 하루 일과를 반성하는 데 있는 게 아니라 자기의 생각을 글로 표현하는 능력을 기르는 데 있다. 그렇다 보니 선생님이 매일 일기 주제를 정해 준다. 선생님이 칠판에 적어 놓은 주제에 맞게 아이들은 일기를 써 낸다. 우선 선생님은 문장을 정확하게 썼는지 확인하고 틀린 부분을 고쳐 준다. 잘 쓴 글에는 꽃 동그라미를 그려 준다. 그리고 일일이 코멘트를 달아 준다. '엄마와 함께 저녁밥을 만들었다'면 '돕느라 수고했다. 다음에도 열심히 하자'라고 써 준다. 선생님의 메모는 칭찬받고 싶은 마음, 나아가 부모님께 칭찬받고 싶은 마음을 자극함으로써 아이들에게 더 열심히 쓰게 만드는 동기부여가 된다. 선생님의 칠판 메모에도 일기 내용이 적잖게 활용된다. 일기를 보고 '하나 짱이 어제 아팠습니다. 위로해 주세요'라고 쓰면 자신의 이름이 칠판에 나온 것을 본 아이는 매우 좋아한다. 물론 더욱 더 일기를 열심히 쓰게 된다.

토리야마 어린이집의 다섯 살 아이들은 글을 제법 잘 쓴다. '등원할 때까지 있었던 일'이라는 주제에 대해 세나카 루이는 '어제 저녁에 도넛을 하나 먹고 말았다. 오늘 어린이집에 오기 전에 튜브를 부는 것이 힘들어서 늦었습니다. 죄송합니다'라는 일기를 썼다. 아마도 세나카 루이 군은 어제 저녁에 도넛을 먹고 아침밥을 먹지 않은 것 같았다. 또 오늘 물놀이 수업이 있어서 튜브를 가져와야 하는데 튜브에 바람을 불어넣는 일이 쉽지 않았나 보다. 아이들의 글은 언제나 솔직하고 재미있다. 도모이케 다쿠마는 '아침에 6시에 일어났습니다. 엄마가 만들어 주신 밥과 된장국을 잔뜩 먹었습니다. 그리고 화장실에 가서 오랫동안 있었습니다. 하지만 지금은 괜찮습니다'라고 썼다. 역시 꾸밈없고 재미있는 일기다.

나는 우리 집 딸들이 쓴 오래된 일기장은 버리지 않고 고이 보관하고 있다. 그것은 아이의 역사이기도 하고 나의 역사이기도 하다. 내 분신의 역사이니 나의 역사도 되는 셈이다. 아이들이 자라면 그 일기들을 보여 줄 생각이다. 순수했던 시절, 자신들이 어려서 무슨 생각을 했는지 뒤돌아보는 것도 좋은 경험이자 추억이 될 거라고 생각해서다. 무엇보다 나는 아이들이 고사리 손으로 열심히 쓰고 그렸던 글과 그림에 담긴 순수한 마음을 버리기 싫었다. 아이들은 정말 마음으로 일기를 쓴다. 아주 짧은 문장이지만 그 속에는 촌철살인할 만한 진심과 순수함이 담겨 있다.

스스로 의욕적일 때 지칠 줄 모른다

나는 뜀틀에 대한 트라우마가 있다. 학창시절의 나는 체육에 젬병이었지만 특히 가장 끔찍했던 건 뜀틀이었다. 뜀틀에서 앞구르기를 할 때면 목이 부러질 것 같아 뛰어넘을 엄두조차 내지 못했다. 학창시절 내내 뜀틀 앞에서 우물쭈물하다 결국 한 번도 뜀틀을 넘지 못하고 끝이 났다. 체육시간은 내게 엄청난 좌절의 시간이었다. 어른이 된 지금도 뜀틀을 보고 있노라면 그 높이가 실제보다 몇 배나 확장된 크기로 내게 다가오는 것 같은 두려움을 느낀다.

토리야마 어린이집의 체육시간은 마치 서커스 단원들의 연습 시간 같다. 물구나무서기, 뜀틀 넘기, 텀블링 등을 아이는 제 손바닥 뒤집듯 너무나 거뜬하게 해치운다. 세 살배기 아이들도 어쩜 그리 잘하는지 취재진들은 탄성을 내지르기에 바빴다. 요코미네 원장 선생님에게 체육을 열심히 시키는 이유를 물었다.

"아이의 발달에는 임계기, 딱 알맞은 시기가 있어요. 여섯 살 때까지 몸을 움직이면 자연스럽게 운동신경이 발달해요. 그리고 이 운동신경은 평생을 갑니다. 아이가 죽을 때까지 가지고 가는 신체 능력인 셈이죠. 그러니 잘 길러 줘야 하는 건 두말 하면 잔소리죠."라고 말한다. 두뇌뿐 아니라 신체 발달도 임계기가 있다는 뜻이다. 토리야마 어린이집에서는 아이가 세 살 때부터 매일 30분씩 체육을 하게 한다.

처음에는 스트레칭으로 시작해서 차츰차츰 단계를 높여 나간다. 팔 힘을 기르는 연습을 하고 빨리 구르기도 한다. 그게 잘되면 바닥에 두툼한 매트를 깔고 벽에 기대어 물구나무서기를 하게 한다. 물구나무서기 자세가 완성되면 그 다음에는 벽에 기대지 않고 물구나무서기를 하는 식으로 난이도를 높여 나간다. 아무것에도 지탱하지 않는 물구나무서기 자세가 완성되면 그 다음 단계로 물구나무서기 자세로 걷기를 하게 한다. 아이들은 10미터 정도 되는 거리를 왔다 갔다 하면서 땀을 뻘뻘 흘린다. 물구나무서기 자세로 걷는 것은 어른들에게도 매우 어려운 동작이다. 서커스 단원에게도 물구나무서기 자세에서 걷는 것은 매우 중요한 기본 동작이다. 팔 힘과 균형감각을 기를 수 있기 때문이다.

아이들은 물구나무서기를 재미있어 하는 것 같았다. 쉬는 시간에 3세반에 들어갔더니 아이 몇몇이 한쪽 벽에서 물구나무서기를 하고 있었다. 까르르 웃으면서 쓰러지면 또 물구나무서기를 하고 쓰러지면 또 했다. 또 아이들은 여러 가지 재미있는 동작들도 했다. 양손과 양발로 바닥을 짚고 몸을 반원으로 만드는 '무지개 다리'는 아이들이 만든 동작이다. 처음에는 무지개다리를 만들다가 그게 수월해지면 그 위에 무거운 것을 올려놓는다. 선생님들은 계속 고민에 고민을 거듭하면서 아이들 수준에 맞는 체육 활동을 짜내고 전문가에게 가서 특별한 테크닉을 배우기도 한다.

4단 뜀틀을 시작으로 다섯 살이 되면 자신의 키보다 20센티미터는 더 높은 10단 뜀틀을 넘는다. 호루라기 소리에 맞추어 1초 간격으로 뜀틀을 날 듯이 넘는 아이들의 모습은 장관이다. 신이 절로 난다. 토리야마 아이들은 내가 그토록 어려워했던 뜀틀 구르기를 참 잘도 한다. 텀블링도 잘한다. 아이들은 양손을 땅에 짚고 텀블링을 하더니 곧 한 손 텀블링으로 넘어간다. 그중 한 아이가 눈에 들어왔는데, 아이는 마지막에 제대로 착지를 하지 못해 계속해서 텀블링에 실패하고 있었다. 몇 번인가 계속해서 텀블링을 시도하더니 결국 울기 시작했다. 그런데도 아이는 쉬지 않고 텀블링에 도전했다. 텀블링 횟수

토리야마의 아이들은 4단 뜀틀을 처음 넘기 시작해

다섯 살이 되면 자신의 키보다 20센티미터는 더 높은 10단 뜀틀을 넘는다.

호루라기 소리에 맞춰 1초 간격으로 아이들은 뜀틀을

새처럼 가뿐하게 뛰어 넘는다.

그러면 선생님은 다시 아이에게 줄 시련, 조금 더 어려운 자세를 궁리한다.

가 늘어나고 아이는 여전히 텀블링에 실패하는데도 선생님은 아이를 멈추게 하지 않았다.

취재진들도 긴장해서 아이를 지켜보는 게 너무 안타까웠다. 나는 아이를 제지하지 않는 선생님이 심하다는 생각이 들기 시작했다. 그러나 선생님은 아이가 실패할 때마다 "아, 아깝다! 다시! 힘내! 할 수 있어!"라고 말하면서 계속하도록 독려했다. 그리고 다시 출발선에 선 아이의 눈이 불을 내뿜는 걸 보았다. 취재진은 모두 숨죽이며 아이를 지켜보았다. 아이는 열 번쯤 실패하고 나서 드디어 한 손 텀블링에 멋지게 성공했다. 아이는 제일 먼저 선생님께 달려가 하이파이브를 한다. 취재팀도 환호하면서 아이가 한 손 텀블링에 성공한 것에 대해 마음을 쓸어내렸다.

지금도 눈물을 훔치며 텀블링에 도전하던 아이의 눈빛을 잊을 수 없다. 당시 나는 어찌나 마음이 아팠는지 '까짓것, 텀블링이 뭐라고……' 하면서 당장이라도 선생님이 그 상황을 종결해 주길 간절히 바랐지만, 지금 생각해 보니 선생님은 이미 결과를 알고 있었던 듯하다. 세상을 다 얻은 듯한 자부심이 얼굴 가득 묻어나던 아이의 표정을 바라보는 선생님, 그리고 그녀는 우리를 향해 그저 씩 웃었다. 대단한 아이들을 가르치는 대단한 선생님이었다.

나는 취재라는 본연의 자세로 돌아와 오노 선생님에게 왜 아이의 텀블링을 제지하지 않고 계속 시켰는지를 물어 보았다.

토리야마 선생님들은 못하는 아이에 대한 믿음을 끝까지 잃지 않는다.

번번이 실패하는 한 손 텀블링에

악착같이 도전하던 아이의 눈빛을 잊을 수가 없다.

당장이라도 선생님이 상황을 종결해 주길 바랐지만

선생님은 이미 결과를 알고 있었다.

기어코 텀블링에 성공한 아이는 세상을 다 가진 듯한 얼굴이었다.

대단한 아이를 가르치는 대단한 선생님이었다.

"우리는 아이들의 가능성을 믿어요. 할 수 없는 아이는 없다는 게 요코미네식 교육의 모토입니다. 지금까지 우리는 그렇게 했습니다. 모든 아이들이 똑같이 할 수 있도록 유도하는 것이 토리야마 교사들의 역할입니다. 못하는 아이가 할 수 있도록 끝까지 시키고, 아이가 포기하지 않고 열심히 하도록 응원합니다. 그렇다고 무조건 몰아붙이면 안 됩니다. 때로는 기다리는 것이 필요할 때도 있습니다. 중요한 것은 아이의 특성이나 상황에 맞게 좋은 방법을 찾아내는 것입니다. 오늘 같은 경우 아이는 한 손 텀블링에 성공할 만한 실력이 있었는데 마지막 집중력이 부족했어요. 이럴 경우 잘 안 된다고 중간에 그만두게 하는 것보다 끝까지 독려하는 것이 더 효과가 있을 것으로 생각했습니다."

토리야마 어린이집에 다니는 아이들이 가장 좋아하는 체육활동은 무엇일까? 어떤 아이는 물구나무서기가 제일 좋다고 하고, 어떤 아이는 뜀틀이라고 하고, 또 어떤 아이는 텀블링이라고 대답했다. 그러나 "왜 좋아하니?"라는 질문에는 모두 똑같이 대답한다. "재미있으니까요!"

토리야마의 아이들은 자신이 재미있어 하는 것을 한다. 그것은 선생님이 '조금만 더 어려운 것'을 시킨다는 뜻이고, 아이들이 재미있게 할 수 있는 환경을 만들어 준다는 말이다. 아이들은 너무 어려운 것을 시키면 싫증을 내지만 조금만 어려운 과제를 주면 기꺼이 성취

하는 기쁨을 맛보려고 한다. 성취감, 나는 아직 이것만큼 뿌듯하고
경이로운 감정을 본 적 없다.

형이 되고 싶어요!

　막내 아리는 막내 티가 확실히 드러나는 편이다. 언니들과 나이 차가 있어서 모두 귀여워하며 아기 대접을 한 탓도 있다. 그러나 아리는 귀여움을 독차지하는 것은 좋아하지만 아기 취급을 받는 것은 싫어한다. "나도 이제 언니야. 내가 유치원에서 제일 큰언니라고. 그러니까 내가 할래. 나도 할 수 있어. 내가 할 거야."라고 소리를 지르며 혼자서 하고 싶은 마음을 드러내는 경우가 종종 있다. "아리도 일곱 살 언니가 됐으니까 식탁 차리는 것 좀 도와줄래? 이 오이 좀 썰어줄 수 있을까?" 하고 물으면 큰소리로 "네~" 대답하고 자랑스러운 얼굴로 부엌일을 도와준다. 언니 대접이 좋은 것이다.

요코미네 원장 선생님도 이와 비슷한 이야기를 한다. 아이들은 경쟁을 좋아하고, 조금 더 어려운 것을 좋아하지만 '인정받고 싶어 한다'고 말한다. 아이를 인정해 준다는 것은 그리 어려운 일이 아니다. 단지 형 대접을 해 주는 것이다.

"모두 칭찬으로 아이들을 성장하게 만들자고 하지만 나는 그렇게 생각하지 않아요. 칭찬도 좋지만 아이를 진정으로 성장하게 만드는 것은 '인정'입니다. 인정은 칭찬을 포함하는 더 큰 개념이에요. 인정해 준다는 것은 형 대접을 해 준다는 뜻입니다. 반대로 아이 주변에 있는 사람들이 계속 아이를 아기 취급하면 아이는 정말 아기에서 벗어날 수 없습니다. 그러나 자기 나이보다 형 대접을 하면 아이들은 그 대접에 걸맞게 스스로 성장합니다."

요코미네식 '인정'은 아이를 형으로 대접하는 것이고, 형 대접을 한다는 것은 조금 더 어려운 과제를 믿고 맡기는 것을 말한다. 그래서인지 토리야마 어린이집의 아이들은 네다섯 살 아이들은 물론이고 세 살배기 아이들도 의젓하다. 점심시간에 조리실에서 음식을 나르고 배식도 아이들 스스로 한다. 식사 준비로 책상을 닦고 손도 씻는다. 밥을 먹고 나면 선생님들이 말하지 않아도 알아서 그릇을 정리하고 양치질을 한다. 신기하게도 이 과정에서 선생님들은 단 한 번도 잔소리를 하지 않는다.

점심 식사가 끝나면 다섯 살 아이들 몇 명이 2세반으로 간다. 따라

아이들은 경쟁을 좋아하고, 조금 더 어려운 것을 좋아하지만

'인정받고 싶어 하는 마음'이 더 강하다.

인정해 준다는 것은 형 대접을 해 주는 것이다.

주변에 있는 사람들이 계속 아기 취급을 하면

아이는 정말 아기에서 벗어날 수 없다.

가 보니 어린 동생들을 앉혀 놓고 책을 읽어 주는 게 아닌가? 다섯 살짜리 형을 중심으로 어린아이들이 동그랗게 둘러앉아 있는 동아리가 여섯이다. 이런 방식으로 다섯 살 아이들이 매일 돌아가며 두 살 동생들에게 책을 읽어 준다. 다섯 살 형님 아이는 목소리를 바꿔 가며 제법 재미있게 동생들에게 동화책을 읽어 준다. 두 살배기 동생 아이들도 다정하게 친형 대우를 해 준다.

처음에는 다섯 살 아이들에게 형님 대접을 해 주자는 의도에서 시작했는데, 생각보다 좋은 점이 많아서 일이 커지게 됐다고 한다. 우리 눈에는 다섯 살짜리 어린아이에 불과하지만 더욱 의젓해진 것은 물론이고, 어린 동생들도 '나도 어서 글자를 배워 형들처럼 잘 읽어야지' 하는 마음을 가지게 됐다는 것이다. 어린 형들은 어린 동생들에게 역할 모델이 됐고, 동생들은 든든한 역할 모델을 갖게 됐다. 자신들도 언제든지 형처럼 될 수 있다는 희망이 생긴 것이다.

또 토리야마 선생님들은 아이가 네 살이 되면 아이 한 명 한 명에게 악기 연주를 맡기는 방식으로 형 대접을 한다. 아이들은 악기를 연주하는 것에 대해 무한한 자부심을 가진다. 자신이 형이 된 것 같아서다. 이렇게 아이가 악기를 익히게 되면 또 토리야마 선생님은 당연하게도 이를 놓치지 않는다. 앞에서도 이미 말했듯이 토리야마의 모든 학습법과 단계들은 서로 연결 고리를 가지고 있다.

아이 한 명이 하나의 악기를 연주하게 되면 선생님은 기악 합주를 시작한다. 또 이런 합주를 하기 위해 토리야마 어린이집에서는 세 살부터 음감 교육을 시작한다. 이 음감 교육은 매우 기이한 방법으로 진행된다. 손수건으로 눈을 가리고 피아노 음에 따라 아이가 자기 몸의 다른 부위를 두드리는 것이다.

'도'는 머리, '미'는 어깨, '솔'은 팔을 두드리는 식으로 마치 게임 같다. 아이들의 눈을 가리는 이유는 소리에 집중하기 위해서다. 세 살배기 아이들이니 눈을 가리면 무서워할 것 같다고 하자 스나카 히로미 음악 선생님은 "무서울 거예요. 그래서 재미있는 변신 놀이로 만들었어요. 눈을 가리는 게 아니라 변신하는 거예요."라고 말한다. 아이들은 음악 시간을 시작할 때 "귀 기울여 봐요." 하고 노래를 부른다. 그러면서 앉았다가 일어서는 순간에 "변신!"이라고 소리치며 눈을 가린다. 그야말로 음감 교육이 재미있는 놀이로 변신하는 순간이다. 이 모든 상황을 예측하고 세심하게 준비하는 것 역시 요코미네식 교육답다.

이렇게 즐겁고 창의적인 방법으로 음감 교육을 하면서 아이들은 기본으로 멜로디언을 배운다. 그러다가 네 살이 되면 합주반을 만든다. 한 명도 빠짐없이 모든 아이가 합주반이 된다. 모든 아이들이 피아노 외에 큰북이든 작은북이든 드럼이든 실로폰이든 심벌즈든 악기 하나를 더 배운다. 네 살 아이들의 합주는 감동 그 자체다. 시골에서 그 흔한 음악학원 한 번 다니지 않고 이런 연주를 하다니……. 아

네 살배기 아이들의 연주는 감동 그 자체다.

흔한 음악학원 한 번 다니지 않은

시골 아이들의 연주 실력은 신동의 그것은 아니지만

온몸으로 집중하는 모습은 눈물이 날 만큼 아름답다.

이들의 연주 실력은 신동의 그것은 아니었지만 온 에너지를 쏟아 연주하는 네 살배기 아이들의 모습이 눈물이 날 만큼 아름다웠다.

　연주는 눈으로 직접 보지 않고서는 도저히 표현하기 어려운 무언가가 있다. 마치 자신이 맡은 일을 최선을 다해 해냄으로써 믿고 과제를 맡긴 누군가에게 고마움을 표하는 것 같았다. 형님 대접에 걸맞은 열매를 맺으려고 애쓰는 것 같기도 했다. 사람은 누구나 자기를 인정해 주는 사람을 실망시키지 않기 위해 노력한다. 오죽하면 사마천의《사기》에 '선비는 자신을 알아주는 사람을 위해 목숨을 바친다'는 구절이 있을까?

이겨낼 수 있는 작은 시련을 줘라

　예전에는 이런 생각을 한 적이 없었는데 아이를 낳고 보니 아이가 참 좋다. 그냥 바라만 보고 있어도 "내 새끼~"라는 말이 절로 나온다. 보기만 해도 배부르다는 어른들 말은 하나도 틀린 게 없다. 그리고 안타깝다. 아이가 조금이라도 다치거나 마음 상할까 걱정된다. 마음 같아선 아이에게 닥쳐올 어려움은 내가 다 막아 주고 싶다. 한 번도 상처 입지 말고, 실패해서 자괴감에도 빠지지 않고 자라 주길 바라는 마음은 부모라면 다 똑같을 것이다. 그러나 요코미네 원장 선생님은 이런 엄마들의 마음가짐에 이의를 제기한다. 익애(溺愛) 즉, 지나친 사랑과 과보호는 아이에게 심각한 문제를 안겨 준다고 생각한다.

　"부모뿐 아니라 사회, 유치원, 학교 모두 아이들을 과보호하고 있어요. 예전에 우리는 가난하고 어려웠어요. 그래서 아이들도 시련을 많이 겪었지요. 지금은 세상이 달라졌어요. 물질적으로도 풍요롭고, 아이도 한 가정에서 한둘 정도밖에 낳지 않아요. 아이들이 많지 않으니 아이들은 부족함이 뭔지 모르고 커요. 부모들이 아이가 원하는 건 뭐든지 다 해 줄 태세가 돼 있으니까요. 부모는 내 아이가 힘든 모습은 보고 싶어 하지 않아요. 아이에게 다가올 어려움까지 미리 제거해 버립니다. 그것이 아이를 위하는 것일까요? 아닙니다. 부모의 익애와 과보호가 아이를 망치고 있습니다."

뜨끔했다. 제아무리 무소불위의 힘을 가진 엄마라 해도 아이에게 닥쳐올 어려움을 미리, 완벽하게 통제할 수는 없다. 어떻게 다 막아낼 수 있겠는가? 아이가 어릴 때는 어느 정도 바람막이 역할을 해 주다가 결국 손을 들게 될 것이다. 시련을 이겨내는 방법을 배우지 못한 아이는 정말 어려운 상황에 놓이게 된다. 어쩌면 주저앉아 못 일어날지도 모른다. 엄마가 아이를 어려움에서 보호하려다 오히려 어려움에 빠뜨리는 형국이 되는 셈이다. 사람은 누구에게나 자신이 감당해야 할 몫이 있다. 아이의 인생은 아이가 사는 것이 맞다. 아이가 자신의 인생을 잘 살 수 있도록 안내하고 도와주는 것이 엄마의 몫이다. 요코미네 원장은 엄마가 진정으로 아이에게 해 줘야 할 몫, 아이가 자신을 잘 이끌어 가는 방법을 알려 준다.

"아이가 열 살이 될 때까지 엄마가 해야 할 일은 시련을 많이 만들어 주는 것이에요. 그렇다고 해서 어려운 시련은 안 돼요. 아이에게 맞는 시련, 조금만 어려운 시련을 많이 만들어 줘야 합니다. 이런 시련들을 통해 아이는 머리도 좋아지고 마음도 강해집니다."

요코미네식 교육을 실천하는 토리야마 어린이집에서는 아이들에게 시련을 많이 준다. 아이들이 감당할 수 있다면 가급적이면 많은 시련을 준다. 아이들에겐 물구나무서기, 한 손 텀블링, 10단 뜀틀, 3단 텀블링이 시련이 될 수 있다. 눈을 가린 상태에서 음을 알아맞혀야 하는 것도 시련에 속하고, 어려운 기악 합주도 시련의 하나가 될 수 있다. 아이들에겐 7급 주산 자격증 따기가 시련이고 2,500권의 책을 읽는 것도 시련의 영역에 속한다.

아직은 생소한 글자 쓰기가 시련이고 초등학생용 신문 베껴 쓰기도 시련이다. 칠판 메모를 읽는 것과 일기를 쓰는 것도 아이의 시련에 속한다. 토리야마 어린이집 아이들은 무수한 시련을 통해 단련되고 강해진다. 하지만 어느 누구도 못하겠다며 중간에 주저앉는 법이 없고, 모든 아이가 무리 없이 시련을 이겨낸다. 아이들은 시련을 통해 또 다른 시련을 이겨낸다. 이는 아이의 현재 역량에서 조금만 더 하면 해낼 수 있는 적당한 무게의 시련을 주었기 때문이다.

토리야마의 아이들은 무수한 시련을 통해 단련되고 강해진다.

어느 누구도 못하겠다며 중간에 주저앉는 법이 없다.

모든 아이가 많은 시련을 이겨낸다.

이유는 조금만 더 하면 해낼 수 있는 적당한 시련을 주기 때문이다.

바로 이들이 그런 시련을 끊임없이 생각해 낸다.

아이에게 적절한 시련을 주려면 무엇보다 그 아이에 대해 잘 알고 있어야 한다. 선생님들이 습관적으로 어린이집에 출근해서 아이들을 대하고 고민 없이 가르치면, 아이에게 필요한 시련이 무엇인지 알 수가 없다. 집단 속에 있는 아이 한 명 한 명을 보지 못하면, 아이에 맞게 조금만 더 어려운 시련을 줄 수가 없다. 토리야마 어린이집에서는 일제 지도가 없다. 요코미네 원장 선생님은 한 선생님이 맡고 있는 아이가 20명이면 1:20이 아니라 1:1이 20번 필요하다고 말한다. 그래야 아이 개개인에 맞는 지도를 할 수 있다는 것이다.

엄마도 마찬가지다. 나는 세 명의 딸아이를 키우고 있지만 아이들 셋 모두 성격이나 재능이 제각각이라는 것을 아이들이 자라면서 더욱더 실감한다. 세 아이들 모두 개성이 다르다 보니 물건 하나 사 주는 것도 이리저리 고민을 거듭해야 하고, 요리도 각각의 취향에 맞게 하다 보면 한 가지 요리가 세 가지 버전이 되기 일쑤다. 어떨 땐 '이렇게까지 해야 하나?' 싶다가도 아이들이 같은 식탁에 앉아서 이왕이면 맛있게 요리를 즐기게 해 주려면 내가 좀 더 수고하고 말자는 생각으로 부엌에서 고심하는 시간을 보낸다. 요코미네식으로 말하면 일 대 삼이 아니라 나는 딸아이 셋과 일대일로 엄마 역할을 해야 하는 것이다.

내가 아이들의 엄마라고 해서 아이를 잘 아는 것은 아니다. 고백컨대 나도 아이들에게서 내가 보고 싶은 것만 보려고 욕심을 부렸다.

앞뒤가 맞지 않는 생각이지만 내 아이가 어떤 시련도 겪지 않기를 바라는 한편, 누구보다 뛰어난 능력을 발휘하며 살아가기를 원한 것이다. 농부가 밭에 씨를 뿌리지도 않고 좋은 수확물이 자라나길 기다리는 우매함과 다를 게 없다. 진정으로 내 딸들이 이 세상의 문을 열고 나가 잘 살기를 바란다면 아이들을 세심하게 관찰해서 적절한 시련을 주는 것이 내가 할 일이라는 것을 새삼 깨달았다.

토리야마 어린이집의 선생님들은 오늘도 어린아이들을 지켜보면서 어떤 시련을 줄 것인가에 대해 고심하고 있을 것이다. 혹자는 너무 가학적인 교육이 아닌가 하고 선생님을 바라볼 수도 있겠지만, 그들의 취향이 아이에게 조금만 더 열심히 집중하면 극복해 낼 수 있는 시련에 맞춰져 있는 것을 보면 충분히 공감할 수 있을 것이다. 사자 굴에 들어가도 정신만 차리면 살 수 있다고? 물론 정신은 차려야 하지만 난관을 헤쳐 나갈 수 있는 경험이 있어야 기필코 사자 굴에서 살아 나갈 수 있다.

시골 아줌마 선생님

　일본의 유치원들을 취재하면서 놀란 것 중 하나는 원장 선생님의 대부분이 남자라는 사실이다. 취재진이 방문했던 유치원은 모두 남자 원장 선생님이었고, 이는 일본 전체 상황과 비슷하다는 것이 유아 교육계 관계자들의 전언이다. 이와는 대조적으로 한국의 유치원에는 여자 원장 선생님이 대부분이다. 일본의 유치원은 대부분 가업을 잇는 전통에 따라 아버지가 운영하는 유치원에서 아들이 셔틀버스를 몰면서 유치원 경영을 배우고 후에 가업을 그대로 이어받는 식이다.

　토리야마 어린이집의 요코미네 원장 선생님 역시 가업을 이어 어린이집을 경영하고 있다. 그런데 눈길을 끄는 것은 이곳에서 근무하

는 선생님들은 모두 여자 선생님으로 젊은 음악 선생님 한 분만 제
외하면 대부분 결혼을 했고 나이도 40~50대들이다. 이 또한 한국의
유치원 선생님들이 대부분 미혼이고 결혼하면서 유치원을 그만두는
것과는 매우 다르다. 선생님들의 복장도 특이하다. 대부분 티셔츠 차
림에 트레이닝팬츠를 입고 그 위에 한결같이 앞치마를 두르고 있다.
마치 집안일을 하는 엄마의 모습과 똑같다. 한국의 유치원 선생님들
처럼 메이크업을 하고 예쁘게 차려입은 선생님은 한 분도 찾아볼 수
없었다.

 하지만 토리야마 어린이집에 잠시라도 머물러 본 경험이 있는 사
람이라면 선생님들의 복장을 이해할 수 있을 것이다. 아침부터 운동
장에서 아이들 달리기 경주를 돌봐야 하고, 매일 운동장에서 체육
수업을 해야 한다. 아이들이 읽기, 쓰기, 계산 수업을 할 때도 아이들
책상 옆에 앉아서 하나하나 일일이 봐 줘야 하니 한순간도 우아하게
앉아서 아이들을 가르칠 기회가 없다. 토리야마 어린이집 내에서 선
생님들의 활동량은 상상을 초월한다. 간혹 토리야마 선생님들이 철
인이 아닌지 의심스러울 정도다.

 요코미네식 교육 열풍의 저변에는 토리야마 선생님들의 기여도가
만만치 않다. 요코미네 원장 선생님도 자신의 생각을 이해하고 실천
해 준 선생님들 덕분에 성공할 수 있었다고 누누이 강조한다. 그렇

다고 토리야마 어린이집에 근무하는 선생님의 채용 기준이 까다로운 것도 아니다.

"선생님 채용 기준이요? 그런 거 없어요. 누구든지 할 수 있어요!"

누구나 어린이집 선생님을 할 수 있다니, 일하고 싶은 사람은 언제든지 와서 할 수 있다는 뜻인지 혼란스러웠다.

"물론 그건 아니지요. 지금의 선생님들은 우연히 이곳에 와서 우리가 예전부터 하고 있는 일을 그대로 하고 있는 거예요. 우리는 아이들을 가르치지 않는다고 했잖아요. 다만 아이들이 할 수 있는 환경을 만들어 주는 것뿐이어서 특별히 어려운 것은 없어요. 선생님이라고 해서 특별한 능력을 필요로 하지 않기 때문에 누구나 할 수 있다는 뜻입니다. 현재 토리야마 어린이집 외에도 제가 운영하고 있는 이사기라 어린이집의 원장은 토리야마 어린이집에서 급식을 담당했던 아주머니입니다. 급식 아주머니가 원장 선생님이 된 거죠. 그래서 누구나 마음만 있으면 할 수 있어요."

읽기, 쓰기, 계산, 체육, 음악을 전공을 하지 않은 보통 선생님들이 가르쳐도 되냐고 물었다. "보통 선생님이 아니라 보통 아줌마예요. 그냥 시골 아줌마라고 할 수 있어요. 유아교육을 전공한 사람은 아무도 없어요."

취재진은 모두 놀랐다. 대학에서 유아교육을 전공한 사람이 잘할

토리야마의 선생님들은 보통 아줌마들이다.

유아교육을 전공한 사람들은 아무도 없다.

아이의 변화를 재빨리 알아차리는 선생님,

아이를 믿어 주는 선생님,

아이를 도와주지 않는 선생님이 좋은 선생님이다.

텐데 그들을 채용하지 않는 이유가 따로 있는지 캐물었다.

"학식이나 지식으로 아이들을 가르쳐 온 결과가 지금의 일본 모습이에요. 아이들이 자립할 수 없어요. 좋은 결과를 보지 못했지요. 나는 학식으로 아이를 키울 수는 없다고 생각합니다."

요코미네 원장 선생님은 어떤 선생님을 좋은 선생님으로 보느냐고 물었더니 결정적인 답변을 해 주었다. "좋은 선생님은 아이를 관찰하는 능력이 있는 사람, 그리고 손을 놓을 수 있는 사람입니다. 우리가 하는 것은 일 대 이십이 아니고 일대일이에요. 일대일이 스무 번이나 반복되는 일입니다. 그게 굉장히 중요합니다. 좋은 선생님은 어떤 아이가 가정환경 때문에 고민하고 있다면 아이가 말하지 않아도 얼굴만 보고 곧바로 알 수 있어야 해요. 컨디션이 좋지 않은 아이도 곧바로 알아봐야 해요. 세심해야 하고, 관찰력이 뛰어나 그런 것을 볼 수 있어야 합니다. 그리고 손을 놓는 선생님이 좋은 선생님입니다. 요즘은 엄마도 선생님도 아이에게 손을 너무 많이 댑니다. 많이 돌봐 주면 아이가 자립할 수 없어요. 아이에게 믿고 맡기며, 옆에서 지켜볼 수 있어야 좋은 선생님입니다."

아이들 한 명 한 명을 세심하게 지켜보고 미세한 변화라도 재빨리 알아내는 선생님, 아이를 믿고 지켜볼 줄 아는 선생님, 아이를 맹목적으로 도와주지 않고 스스로 할 수 있게 유도하는 선생님이 좋은 선생님이라는 말에 전적으로 동의한다. 나는 좋은 선생님의 조건이 좋은 엄마의 조건과 같다고 생각한다. 엄마라는 사람들은 아이를 세심하게 볼 수 있는 능력이 얼마나 필요한지, 아이를 지켜보는 것이 얼마나 힘든 일이지 제대로 알고 있다. 그런 능력을 갖춘 선생님들이 일본 열도가 깜짝 놀랄 만한 성과를 낸 것은 어찌 보면 당연한 결과일지도 모르겠다.

토리야마 선생님들은 유아교육을 전공하지는 않았지만 아이들을 가르친 경험도 풍부하고 그런 경험을 교육에 잘 활용하는 귀재들이다. 아이들에게 음감 교육을 처음으로 가르쳐 주는 3세반 선생님에게 음감 교육 커리큘럼이 정확하게 어떤 것인지 물어보았다.

"우리가 정확하게 기준으로 삼고 따르는 커리큘럼은 없어요. 하지만 매일 궁리를 하죠. 매년 음감 교육 방법이 달라져요. 우리는 어떻게 하면 무리 없이 수업을 진행할 수 있는지를 생각합니다. 어떤 아이가 어려움을 겪으면 반드시 그 이유를 되짚어 보고 아이에게 맞는 방법을 찾아내야 합니다. 그러다 보니 눈을 가리고 음감을 키워 준다는 큰 틀은 같지만, 어떻게 눈을 가릴까 하는 구체적인 방법은 달라지게 마련이죠."

음감 교육이라는 커다란 틀은 유지하되 아이들의 성향에 따라 커리큘럼이 바뀔 수 있으니 정해진 룰이 없는 건 당연하다 할 수 있겠다. 교육 방법적인 측면에서 다양성을 추구해야 하기 때문에 토리야마 선생님들이 아이들을 관찰하는 레이더는 잠시도 쉴 틈이 없다.

이런 상황에 맞게 적절하게 판단하고, 행동으로 옮기는 그들이야말로 학부모와 아이들의 존경과 사랑을 한 몸에 받을 수 있는 자격이 충분해 보인다.

또 선생님들은 기다림의 대가들이다. 아마도 '기다림의 복장 터짐'을 경험한 엄마들이라면 선생님들의 인내가 얼마나 많은 수양을 요구하는 것인지 잘 알고 있을 것이다. 5세반 선생님에게 물구나무서기를 잘하지 못하는 아이들은 어떻게 하느냐고 물었다.

"단 한 순간도 포기하지 않고 기다려 줍니다. 세 살에 물구나무서기를 하는 아이가 있는가 하면 다섯 살 때까지 못하는 아이도 있어요. 하지만 졸업하기 전에는 반드시 성공합니다. 삼 년을 기다려도 못하는 아이는 한 명도 없어요. 아이에게 적절한 자극을 주면서 기다려 줍니다. 설령 그 시기가 아이가 졸업할 때까지라 해도 우리는 기다립니다. 기다림은 결코 실망을 주지 않아요, 적어도 여기 아이들은 그랬습니다."

정말 대단한 시골 아줌마 선생님들이다.

음악을 사랑하고 자연을 사랑하는 아이들.

양보할 줄 알고, 기다릴 줄 알고, 친구에게 무언가를 해 줄 줄 아는 아이들은

모든 부모들이 바라는 아이들의 소양일 것이다.

품격 있는 아이는 예절 교육이나 인위적인 규율로 형성되는 것이 아니다.

음악과 예절로 품격을 키우는 아이들

귀로 아이의 마음을 읽는
스즈키 음악교육원, 가쿠슈인

태어나면서부터 모차르트를 듣는다

한국이 낳은 유명 바이올리니스트 장영주는 네 살 때부터 바이올린을 시작했다. 통상적으로 아이들이 세 살이 돼서야 기저귀를 떼는 것을 생각하면 네 살은 바이올린을 연주하기엔 어린 나이다. 그러나 일본에는 바이올린을 연주하는 세 살배기 아이들이 많다. 더구나 이 아기들이 악보를 보지도 않고 바이올린을 연주한다. 이는 온전히 스즈키 신이치(鈴木鎭一) 선생님의 덕이고, 스즈키 음악교육법이 있어서 아기 천재 바이올리니스트의 출현이 가능한 것이다.

스즈키 음악교육법을 만든 스즈키 신이치는 지인으로부터 세 살 난 아들을 가르쳐 달라는 부탁을 받고 아이를 교습하기 시작했다고 한다. 큰아이들을 가르쳤던 방식으로 교습을 했지만, 아이가 조금도 바이올린을 배우지 못하자 고민 끝에 스즈키 음악교육법을 만들었다. 스즈키 음악교육법은 일명 '모국어 음악교육법'이라고 부르기도 한다. 아기들이 모국어를 배우는 과정을 보고 그 원리를 음악교육에 응용했기 때문이다. 아기들은 엄마가 말하는 소리를 듣고 자라면서 자연스럽게 모국어를 익히는데, 음악도 모국어처럼 어릴 때부터 귀로 들으면서 익히면 훌륭한 능력을 발휘할 수 있다는 게 스즈키 선생님의 지론이다.

스즈키 음악교육법은 태어나면서부터 시작되고 듣는 것부터 먼저 한다. 하스미 씨는 세 살배기 딸 안지와 생후 3개월이 된 아들이 있다. 안지는 스즈키 교육법으로 바이올린을 배운 지 9개월째이고, 생후 3개월인 안지의 남동생은 태어나면서부터 스즈키 음악교육법에 의해 키워졌다.

안지의 어머니 하스미 씨는 둘째아이가 태어나면서부터 끊임없이 아기에게 음악을 들려주었다. 스즈키 선생님도 어린아이들의 음악적 감각을 기르는 데는 음악을 듣는 것만큼 중요한 것은 없다고 강조했다. 매일 아기가 엄마가 하는 말을 듣는 것처럼 매일 음악을 들으면 곡의 윤곽을 빨리 이해할 수 있다. 스즈키 음악교육법은 아기에게 음악을 들려주는 특별한 노하우가 있다.

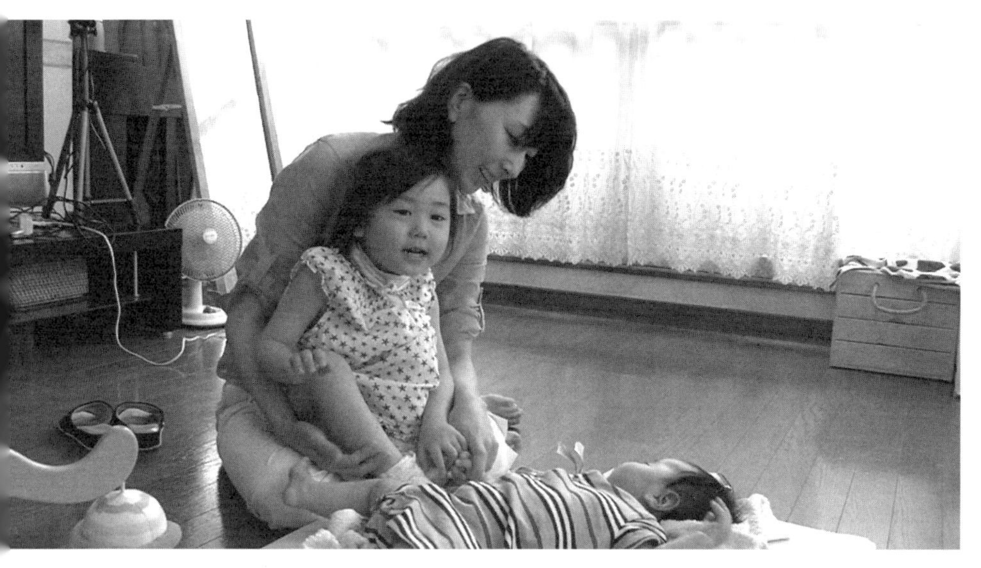

모차르트의 〈작은별 변주곡〉을 틀자

금방이라도 울음보를 터뜨릴 것 같은 아이의 얼굴이

웃는 얼굴로 바뀌었다.

그러다 손과 발을 활발하게 움직이더니

몸 전체를 움직이기 시작한다.

이처럼 음악은 아기에게 큰 파급력을 선사한다.

첫째, 아기가 알아듣기 쉬운 곡부터 들려준다. 이곡도 좋은 곡이고 저곡도 좋으니까 이것저것 다 들려주면 아기는 혼란스러워한다. 아기가 말을 배울 때 "엄마!"라는 말을 가장 많이 되풀이하는 것과 마찬가지로 알아듣기 쉬운 곡부터 들려준다. 베토벤이나 차이코프스키의 음악보다 모차르트의 곡을 들려준다.

둘째, 너무 볼륨을 높여 들려주지 않는다. 작은 소리로 항상 은은하게 음악을 틀어 놓는다. 아기가 아침에 일어나자마자 음악을 들려주고 밥을 먹을 때도 음악을 틀어 놓는다. 아기가 그림을 그리거나 인형을 갖고 놀 때도 음악을 들려주고 잠자리에 들 때도 음악을 들려준다. 아기는 음악과 함께 생활한다.

취재진은 하스미 씨의 집에서 스즈키 음악교육법의 효과를 눈으로 확인할 수 있었다. 3개월 된 아기가 칭얼대기 시작하자 하스미 씨는 CD를 틀었다. 모차르트의 〈작은별 변주곡〉이었다. 음악이 나오자 단번에 아기의 표정이 달라졌다. 금방이라도 울음보를 터뜨릴 것 같은 아이의 얼굴이 웃는 얼굴로 바뀌었다. 그러다 손과 발을 활발하게 움직이더니 몸 전체를 움직이기 시작했다. 눈도 반짝반짝 빛났다. 아기는 기분이 좋고 활기차 보였다. 음악이 인간의 감성을 풍부하게 한다지만 이 정도의 파급력이 있을 줄은 미처 몰랐다.

아기가 태어나면서부터 음악을 들려줘 귀를 트이게 해 주고, 키가 자라서 바이올린을 어깨에 매고 손가락으로 줄을 짚을 수 있는 세 살이 되면 연주하는 법을 배우게 된다. 이때의 아기는 말은 할 줄 알지만 글은 모르는 시기다. 스즈키 음악교육법에서는 아이가 7~8세가 될 때까지 악보를 가르치지 않는다. 아이들은 그냥 전곡을 몽땅 외워서 연주를 한다. 안지는 바이올린을 시작한 지 4개월 만에 〈작은별 변주곡〉을 연주하게 됐고, 9개월째 들어선 요즘은 일곱 곡을 연주할 수 있다. 이것이 가능한 이유는 음악을 많이 듣기 때문이다. 하스미 씨는 안지가 바이올린을 배우고 나서 소리에 민감해졌고 기억력, 집중력이 높아졌다고 했다.

"길거리에서 아무리 작은 소리일지라도 스즈키 음악교육법에서 배운 곡이 들리면, '엄마, 이 곡 들어 봐'라고 말해요. 귀가 예민해졌어요. 자기가 배우고 있는 곡이 아니더라도 주위 친구들이나 언니, 오빠들이 배우고 있는 곡도 다 알아들어요. 기억력과 집중력도 놀랄 만큼 좋아졌어요. 악보를 보고 하는 게 아니고 곡을 듣고 외워서 연주해야 하니까 기억력이 좋아질 수밖에 없어요. 집중하지 않으면 세 살짜리 아이가 어떻게 전곡을 연주할 수 있겠어요? 연주하는 동안 처음부터 끝까지 엄청나게 집중하는 건 당연하고요".

생각해 보라. 세 살배기 아이들이 바이올린을 연주하는 모습을 말이다. 얼마나 진지하게 집중하는지 지켜보는 내내 눈을 뗄 수 없었다. 세 살배기 아이들이 이토록 높은 기억력과 강한 집중력을 보여 주리라곤 생각도 못했다. 아기들이 태어나자마자 음악을 들려준다는 것(심지어 뱃속에서부터!)은 극성 엄마의 극성스런 욕심이 아니었다. 그것은 아이들을 대우하는, 무한한 잠재력을 사장시키지 않는 영감의 발견이자 음악이 우리에게 주는 선물과 같은 것이다.

비교하지도, 서두르지도, 포기하지도 말자

내 아이가 다른 아이들보다 못하는 걸 보는 건 힘들다. 특히 이런 증상은 첫아이를 키울 때 더 심했다. 큰딸 보리는 같은 아파트에 사는 친한 친구와 함께 몇 년 간 발레를 배웠다. 발레 수업을 참관하는 날이나 발표회 날이면 나는 속이 뒤집어졌다. 보리의 친구들이 백조라면 보리는 '미운 오리 새끼' 같았다. 내 눈에는 그랬다. 다른 사람들은 보리가 예쁘다고, 잘한다고 칭찬하지만 나는 보리가 친구들보다 발레를 잘하지 못한다는 사실에 내심 화가 났다. 결국 이런 상황이 반복되면서 내 눈치를 살피던 보리는 발레를 그만두었다. 내 탓이 컸다.

스즈키 음악교육법에서는 '엄마'를 매우 중요하게 생각한다. 아이

스즈키 음악 교육은 엄마와의 연계를 중요하게 생각한다.

아이의 실력을 비교하지 말고, 서두르지 말고, 포기하지 말자.

아름다운 나무도 싹을 틔우는 시기가 다르고, 꽃을 피우는 시기도 다르다.

언제 아이의 꽃이 필지는 모르지만 반드시 피어나는 것만은 분명하다.

가 음악 레슨을 받을 때 엄마도 항상 연습실에 함께 들어간다. 그리고 선생님이 엄마도 가르친다. 스즈키 음악교육은 어린 나이에 시작하기 때문에 엄마가 보조 선생님 역할을 해야 한다. 아이는 일주일에 한두 번 레슨을 받고 나머지는 집에서 연습하는 방식이므로 스즈키 신이치는 아이를 가르치는 것 못지않게 아이의 어머니를 가르치는 것도 매우 중요하다고 보았다. 스즈키 음악교육법으로 배우면 엄마도 바이올린을 연주할 수 있고, 아이를 가르칠 수 있다.

모리 유코는 스즈키 신이치 선생님에게 바이올린을 배우고 나서 스즈키 음악 교사가 됐다.

"스즈키 음악교육실에 들어왔을 때 엄마들은 새로운 출발선에 서 있다고 생각해야 합니다. 아이와 함께 성장하는 거지요. 부모가 바뀌면 아이도 바뀌기 때문에 엄마가 훨씬 더 노력해야 돼요. 엄마가 텔레비전을 보면서 '아이에게 공부해라, 바이올린 연습해라'와 같은 잔소리는 통하지 않아요. 이런 가정에서는 아이가 성장할 수 없어요. 그래서 우리 교육에서는 엄마가 참 중요합니다."

50년 동안 스즈키 음악교육법으로 아이들에게 바이올린을 가르쳐 온 모리 유코는 음악 교육에 있어서만큼은 엄마처럼(어디 음악뿐일까!) 중요한 사람은 없다고 말한다. 하스미 씨도 음악 레슨 때 선생님이 말씀을 잘 듣고 열심히 메모한다. 그리고 집에 오면 안지와 함께 그날 선생님이 말씀하신 걸 떠올려 보고 안지가 잘못한 부분을 선생님이 어떻게 고치라고 했는지부터 안지에게 묻는다. 안지가 잘 대답하면 "그렇게 해 보자."며 연습을 하게 한다. 물론 하루도 빼먹지 않고 바이올린을 연습한다. 그리고 안지가 배우고 있는 곡, 앞으로 배울 곡들을 틀어 놓아 귀로 곡을 익히게 한 다음, 레슨 때 배운 것을 연습한다. 집에서는 하스미 씨가 스즈키 교사인 셈이다.

스즈키 교육법에서는 개인 레슨과 그룹 레슨을 병행한다. 그룹 레슨은 수준이 다른 아이들을 모아서 하는데, 그렇게 하면 나이가 어린아이들이 잘하는 아이들의 연주를 들을 수 있고, 함께 연주하면서 올바른 리듬을 찾아나갈 수 있기 때문이다. 이때 음감 교육을 받기도 한다. 아이들은 바이올린 그룹 레슨을 매우 재밌어 한다. 개인 레슨과 달리 긴장감이 없고 게임 시간처럼 즐거워한다. 단지 앞에서 지켜보는 엄마들의 마음만 즐겁지 않을 것 같은데, 내가 본 엄마들은 전혀 그렇지 않았다. 큰딸 보리의 발레 수업 참관일의 나와는 영 딴판이었다.

아이들이 한꺼번에 무대에 서니까 실력 차이가 확연하게 드러나는 건 어쩔 수 없다. 내 아이보다 잘하는 아이가 있으면 어쩔 줄 몰라하는 게 엄마들의 마음이다. 그러나 스즈키 교실에 있는 엄마들은 평화로운 표정으로 앉아 있었다. 시라카베 카나코 씨는 "저는 아이의 바이올린 레슨을 여유롭게 시키는 편이에요. 진도가 느려 나중에 들어온 아이가 더 잘할 수도 있겠다 싶어서 걱정했어요. 그런데 선생님이 아이는 반드시 성장하지만 언제 성장할지는 모른다고 하셨어요. 우리 아이가 천천히 해도 좋으니까 포기하지 않고 끝까지 했으면 좋겠어요. 그러다보면 '이렇게 성장했구나!' 하고 감탄이 날이 꼭 올 거라고 믿어요."라고 말한다.

이 말을 듣고 나는 '아, 일본 엄마들도 자신의 아이와 다른 아이를 비교하지 않기 위해 상당히 노력하고 있구나! 기본적으로 엄마들의 마음은 다 똑같아!'라고 스스로를 위로했다. 하지만 역시 아쉬움이 훨씬 컸다. 큰딸 보리가 발레를 함께 시작한 친구들보다 실력이 좋지 못해 마음고생을 하고 있을 때 "아이들마다 성장하는 시기가 달라요. 언제 성장한다고 말할 수는 없지만 반드시 성장해요."라는 얘기를 들을 수 있었다면 얼마나 좋았을까? 내가 믿고 기다렸다면 보리가 좋아하던 발레를 그만두지 않았을 거고, 결국 자기 나름의 성장을 이루었을 텐데……. 아이의 성장에 대한 믿음이 없었던 게 못내 아쉽다. 서두르다가 제풀에 지쳐 포기하는 엄마들을 많이 보았던 탓인지 나는 스즈키의 교육방침을 쉽게 이해할 수 있었다.

스즈키 음악교육법에서는 엄마들에게 세 가지를 강조한다. 비교하지 말고, 서두르지 말고, 포기하지 말자. 내 아이를 다른 아이와 비교하고, 앞지르기 위해 서두른다. 하지만 아름다운 나무도 싹을 틔우는 시기가 다르고, 꽃을 피우는 시기도 다르며, 꽃 색깔과 향기도 제각각 다르다. 내 아이가 다른 아이와 다르다는 걸 기쁘게 받아들이고 아이의 싹은 언제 피어날 것이며, 어떤 색의 꽃을 피우게 될지 궁금한 마음으로 즐겁게 기다리자. 언제 싹이 트고 꽃이 필지는 모르지만 반드시 싹이 트고 꽃이 피는 게 자연의 섭리다.

일본 왕실 학교, 가쿠슈인(學習院)

일본 하면 조용함, 속내를 드러내지 않는 정숙함, 예절을 중시하는 생활태도 등 많은 것이 떠오르지만 그중에서도 일본 국민들이 사랑해 마지않는 왕실에 대해 이야기해 보자. 일본이 2차 세계대전에 패하기 이전 일왕은 일본의 정치, 경제, 사회, 문화의 절대군주였다. 2차 세계대전의 책임을 물어 일왕의 모든 권력을 빼앗았지만 일본인들에게 그는 여전히 막강한 영향력을 행사한다. 일본인들의 아버지로 사회통합의 상징적 인물로 자리 잡고 있는 것이다.

일본 통합의 구심점 역할을 하는 일본 왕실가의 자제들은 최고의 교육을 받는다. 왕실가의 자제들이 다니는 학교, 가쿠슈인(學習院)에는 유치원 과정부터 대학원 과정까지 있다. 가쿠슈인은 원래 메이지

유신 시절에 일본 제국의 도약을 이끌 통치자를 양성하기 위해 만든 교육기관이다. 2차 세계대전 이후에는 일반인도 시험을 통해 들어갈 수 있게 됐지만 그전까지는 왕족들만 다닐 수 있었다. 최근 들어 가쿠슈인을 외면하는 왕족들이 세간의 화제가 되기도 하지만 여전히 가쿠슈인은 일본 왕실 교육의 중심지다. 모든 왕실 교육기관이 그렇듯 가쿠슈인 역시 근현대 일본의 지식과 가치관을 체화시키는 최고의 교육 시스템이었다.

3·11 동일본 대지진의 참사 속에서 일본 국민들이 보여준 성숙한 질서의식과 침착함은 세계적인 화제가 되기도 했다. 불이 꺼지고 유리창이 박살난 편의점을 약탈하기는커녕 줄을 서 물건을 사는 일본인들의 모습은 인상적이었다. 자식과 집을 모두 쓰나미에 떠내려 보내고도 울음을 삼키며 서로를 격려했다. 나는 이러한 일본인들의 질서정연함과 예의 발라 보이는 그들의 모습이 진짜인지 늘 궁금했다. 우리도 모르는 일본의 또 다른 이면을 들여다보면, 인간이라면 누구나 느낄 수 있는 감정인 분노와 슬픔, 두려움 등이 표출되고 있을 것이라고 생각했다.

언제든 기회가 되면 일본인들의 질서의식과 예의범절에 대해 취재해 보리라 마음먹고 있었다. 〈세계의 교육현장〉 프로그램을 맡으면서 쉽게 기회가 다가왔고, 일본 교육을 취재하면서 일본 왕실과 일본인의 질서의식, 예의범절을 동시에 조명하고 싶었다. 일본 왕실

왕실 학교는 유능한 글로벌 리더로 키우는 데

역점을 두는 게 아니라 품격 있는 아이를 지향한다.

상대방의 얘기를 들어 주고,

남을 배려할 줄 알고,

양보하고 기다릴 줄 아는 아이가 품격 있는 아이다.

교육과 가쿠슈인을 취재하고 싶다고 편지를 보냈더니 '취재 불가'라는 답변이 돌아왔다. 우리뿐 아니라 일본 언론에도 공개하지 않는다는 답이었다. '공개 불가'는 예상한 결과였다. 대신 취재진은 가쿠슈인에서 가르친 경험이 있는 교사를 통해서 일본 왕실 교육과 가쿠슈인에 대해 알아보고, 평범한 일본 가정을 통해 일본인들의 예의범절과 배려에 깔린 이면까지 들여다보기로 했다.

다카하시 요시오 선생님은 1963년부터 38년 동안 가쿠슈인 초등학교에서 아이들을 가르치고 교장으로 정년 은퇴하신 분이다. 지금의 나루히토 왕세자를 비롯해 수많은 일본 왕실 자제들이 가쿠슈인 초등학교를 거쳐 갔기 때문에 다카하시 선생님은 그들의 학교생활을 비교적 자세하게 알고 있었다. 가쿠슈인 초등학교에서 가장 중점을 두고 가르치는 것은 '품격'이었다.

초등학생 아이에게 품격이라? 좀 거창하지만 다카하시 선생님이 말하는 품격의 의미를 되새겨보면 충분히 이해할 수 있다.

"양보할 줄 알고, 기다릴 줄 알고, 친구에게 무언가를 해 줄 수 있는 아이가 바로 품격 있는 아이입니다. 품격의 기본은 인사입니다. 자신의 이름을 부르면 정확하게 대답하고 안녕하세요, 죄송합니다, 감사합니다, 라고 말할 수 있어야 하고, 상대방이 무슨 얘기를 하는지 들으려는 자세를 가지고 있어야 합니다. 상대방 입장에서 생각하고 상대방 친구를 배려해 여러 가지를 할 수 있는 아이가 품격 있는 아입니다.”

인사 잘하고, 예의 바르고, 남을 배려하는 것을 가장 중요하게 생각하고 있었다. 그렇다면 일본 왕실의 자제들은 어땠을까? 일반 학생들과 달랐을까?

“그건 알 수 없어요. 문 앞까지는 비서가 함께 오지만 학교로 들어오면 다른 학생과 똑같습니다. 노는 아이들 속에서 왕실의 아이를 찾아내기는 힘들어요. 아이들은 다 똑같죠. 하지만 품격 면에서 말하자면 온화합니다. 가장 큰 차이는 그거예요. 실제로 왕실의 아이들은 온화한 생활을 하니까요.”

일본 왕실은 ‘온화한 아이’를 추구한다. 화를 내거나 거친 언행을 하지 않고 항상 부드러움을 유지하는 아이가 왕실의 아이들이었다고 다가하시 선생님은 말한다.

“예의나 질서가 몸에 배어 있지요. 저는 왕실의 아이들이 가능하면 많은 친구들과 놀아야 한다고 생각합니다. 왕실에서는 어른들에게 둘러싸여 생활하기 때문에 아이들과 놀 수 없어요. 예의나 질서는 충분히 몸에 익힐 수 있는 환경이지만 아이다운 활력을 잃지 않도록 신경 써야 했지요.”

자연을 느낄 줄 아는 아이

일본 왕실의 아이들은 가쿠슈인 초등학교를 다니면서 어떤 것들을 배우는지 궁금했다. 가쿠슈인은 일본 전체를 통틀어 한 군데밖에 없다. 그런데 '도쿄 나카노 구의 가쿠슈인, 토시마 구의 가쿠슈인'이라는 말이 있다. 나카노 구의 가쿠슈인이란 나카노 구에서 가장 좋은 학교, 토시마 구의 가쿠슈인이란 토시마 구에서 가장 좋은 학교라는 뜻이다. 가쿠슈인이 가장 좋은 학교의 대명사로 쓰인 거다. 이처럼 가쿠슈인이 유명한 이유는 전국에서 가장 훌륭한 선생님을 채용하기 때문이다.

가쿠슈인 초등학교는 1940년대부터 이미 체육, 음악, 미술 선생님이 따로 있었다. 4학년까지는 담임선생님이 국어, 수학, 사회 세 과목을 가르치고 5학년부터는 중학교와 마찬가지로 모든 과목을 전공제로 가르친다. 초등학교지만 저학년 담임선생님은 세 과목을, 고학년 담임선생님은 한 과목만 가르친다. 다카하시 선생님은 수학 교사였다. 다카하시 선생님께 가쿠슈인 초등학생들에게 가르치는 것 중에서 집에서 엄마와 아이가 함께할 수 있는 것을 알려 달라고 부탁했다.

그는 수학 교사답게 수량 감각을 키울 수 있는 방법을 알려 주었다. 같은 모양의 컵에 주스의 양을 달리 해서 따른다. 아이에게 어떤 것이 많고 어떤 것이 적은지를 표현하게 한다. 아이는 이 활동을 통해 양의 개념을 익힐 수 있다. 다음에는 같은 양의 주스를 좁고 긴 컵과 넓고 낮은 컵에 따른다. 좁고 긴 컵에 들어 있는 주스의 양이 많은 것 같아도 사실은 두 컵에 같은 양의 주스가 들어 있다는 것을 배우게 된다. 단순한 계산 공부보다 다양한 각도에서 양을 파악하는 방법을 가르친다.

다카하시 선생님은 아이들이 똑똑해지기를 바란다면, 아이들에게 집안일을 돕도록 가르칠 것을 권한다. 실제로 부모에게 큰 도움이 되는 것은 아니지만, 스스로 가위로 물건을 자르게 하거나, 끈이나 리본을 묶고, 타월을 접게 하고, 쓰레기 분리수거를 돕도록 하고, 신발 정리정돈도 아이에게 반드시 시켜야 한다고 말한다.

사실 이런 일들은 세 살 이상이면 누구나 할 수 있다. 아이들은 집안일을 하면서 소근육을 많이 쓸 수 있어 머리가 좋아진다. 또한 자기가 맡은 일을 해내는 책임감과 어리지만 집안에 도움을 주었다는 자부심도 간과할 수 없는 교육적인 효과가 있다.

한 가지 집안일을 잘하면 두 가지 혹은 세 가지 조건이 붙은 일들을 시키는 게 좋다. 예를 들어, '책상 서랍에 들어 있는 빨간 색연필을 꺼내 노란 필통에 담아서 검정 가방에 넣어줄래' 하는 식이다. 세 살 아이가 하기에 다소 어려워 보이지만 평소에 집안일을 거든 아이들은 충분히 할 수 있다. 집안일을 거들면 일의 흐름을 파악하는 힘을 기를 수 있고, 자연스럽게 언제 어디서 누가 무엇을 어떻게 했는지를 기억하는 훈련이 된다. 아이의 집안일 거들기가 좋은 점은 한두 가지가 아니다. 돈 들이지 않고 두뇌 발달시키고, 책임감과 자부심을 길러주고 가정도 화목해지니 말이다.

또 다카하시 선생님은 자연을 접하고 계절을 느끼는 것을 중요하다고 말한다. 그래서 아이들에게 '계절 느끼기 놀이'를 가르쳐 주었다. 색종이 한 장과 가위만 있으면 가능한 이 놀이는 색종이를 길다란 직사각형으로 자르고 양쪽 끝을 세로로 어긋나게 반만 잘라 준다. 그 다음 양쪽 끝을 서로 끼워 주면 나뭇잎이 완성된다(다음 쪽, 그림 참조). 나뭇잎을 만드는 방법은 한 가지가 아니다. 직사각형으로 잘라 양끝과 가운데를 풀로 붙이면 8자 모양 나뭇잎이 된다. 이 외에도 하고 싶은 대로 여러 모양을 만들 수 있다.

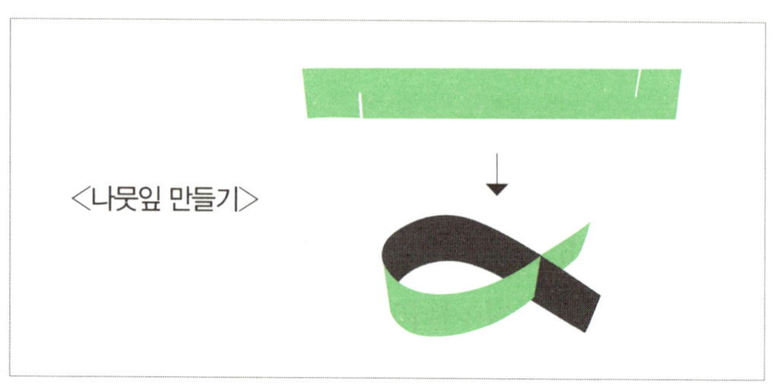

자연의 경이로움을 아이들에게 설명하기란 쉽지 않다.

가쿠슈인 초등학교 선생님들은

자연 속에서 생명을 풍요롭게 느낄 수 있을 때

품격 있는 아이, 남을 배려할 줄 아는 아이가 된다고 믿는다.

다음 단계는 날리기! 엄마는 팔을 높이 들어서, 아이들은 의자에 올라가서 색종이를 살짝 떨어뜨린다. 뱅글뱅글 돌아가며 나는 모습이 나뭇잎이 바람에 날려 떨어지는 모습과 비슷하다. 아이들은 종이 나뭇잎을 잡으려고 뛰어다니며 까르르 까르르 웃음을 터뜨린다. 이렇게 종이 나뭇잎 날리기 놀이를 한 후에 야외에서 낙엽이 지는 것을 볼 때마다 아이들은 새롭게 자연을 느끼게 된다는 것이다. 놀이를 통해서 자연을 느낀 다음에는 야외로 나간다. 아이에게 생명의 신비를 가르치기 위해서다.

"생명은 소중한 거야. 이 풀에도 생명이 있고 저 개미에게도 생명이 있어."

자연의 경이로움을 말로 아이들에게 설명하기란 쉽지 않다. 그러나 다카하시 선생님은 청진기를 자신의 심장에 대고 어떤 소리가 나는지 아이들에게 들어보게 했다. 아이는 청진기를 끼고 나서 선생님의 가슴에서 두근거리는 소리가 나고, 피가 돌고 있다는 사실을 신기해했다. 다음에는 청진기를 나무에 대고 들어보게 했다. 조용한 숲에서 껍질이 얇은 나무에 청진기를 대고 소리를 들어보면 나무뿌리에서 가지 끝으로 물이 올라가는 소리가 들린다. 마치 사람의 심장이 뛰는 것과 같은 소리, 두근두근하는 소리가 들린다. 아이들은 신기해서 어쩔 줄 모른다.

'나무도 나처럼 심장이 있어. 살아 있었구나!'

품격 있는 아이, 예의 바르고 남을 배려할 줄 아는 아이는 딱딱한 예절 교육으로 만들어지는 것도 아니요, '이렇게 해야 돼, 저렇게 해야 해'라는 인위적인 규율로 형성되는 것도 아니었다. 가쿠슈인 초등학교에서는 자연 속에서 생명을 풍요롭게 느낄 수 있을 때 품격 있는 아이, 남을 배려할 줄 아는 아이가 된다고 믿는다. 자연은 왕실의 아이든, 평범한 가정의 아이든 가리지 않고 누구에게나 자신의 위대함과 경이로움을 있는 그대로 보여 준다. 이것은 인류에게 주어진 변함없는 진실이다.

부엌일 하는 세 살 아이

앞에서 왕실 자제들의 품격 있는 아이들을 만들기 위한 교육에 대해 알아보았다. 이번에는 평범한 일본 가정에서는 아이들을 어떻게 가르치는지 알아보자. 역시 그들은 '예의'와 '배려'를 중요하게 여길까? 일본 사람들은 겉모습과 속마음이 다르다는데 정말 그럴까? 취재진은 오랜 궁금증들을 해소하기 위해 평범한 일본인 가정을 들여다보았다. 미야자키 씨의 가족은 도쿄에 살고 있다. 부부 모두 출판 기획과 집필을 동시에 하고 있는데 부인 미야자키 씨는 특히 살림에 관련된 책을 기획하고 육아 서적을 직접 쓰기도 한다.

부부는 열 살 유니코와 세 살 모모세, 두 딸을 키우고 있다. 전형적인 일본 집 구조로 작은 마당이 달린 이층집이다. 1층엔 주방과 거실, 욕실이 있고 이층에 방 2개가 있다. 요즘 현대식 맨션은 그렇지 않지만 대부분 일본 사람들의 집은 매우 좁다. 미야자키 씨도 오밀조밀 살림살이들을 좁은 공간에 잘 수납해 놓고 있었다. 부부는 살림을 잘하는 것처럼 아이 키우는 것도 세심하게 잘한다. 일반 사람들은 미처 생각하지 못한 부분까지 고려해서 아이를 키우는 게 인상적이었다.

아침 6시 40분, 미야자키 씨가 아침 준비를 하면 큰딸 유니코가 혼자서 일어나 학교 갈 준비를 한다. 준비가 끝나면 유니코는 아침 식탁 차리는 걸 도와준다. 가방은 전날 밤에 미리 챙겨 거실 한쪽에 이미 내려놓은 상태다. 아침마다 중학생, 초등학생, 유치원생 딸들을 깨우느라 녹초가 되는 나에게는 유니코의 이런 습관이 무척이나 부럽다. 우리 집에서는 족보에도 없는 일일뿐더러 아침이면 나는 몇 번씩 아이들 방을 들락날락해야 한다. 여간 괴로운 일이 아니다.

세 살배기 모모세마저 스스로 일어나서 1층으로 내려온다. 식탁에 앉아 아침을 먹고 욕실에 가더니 노래를 부르며 이를 닦고 세수한다. 다 씻고 나오니 엄마는 거실 바닥에 모모세의 옷가지를 죽 늘어놓는다. 그러자 모모세가 웃옷부터 차례로 입고 양말까지 제대로 신는다. "와, 세 살 맞아?" 하는 감탄이 절로 나온다. 어떻게 가르친 걸까? 미야자키 씨는 아이들은 반드시 '내가 할 거야'라고 말하는 시기

부모와 자식 사이는 가장 가까운 타인이다.
더러운 양말과 속옷을 다른 사람이 세탁하게 만드는 것은 부끄러운 일이다.
아이가 집안일을 익히지 못하게 하는 것은
평생 남의 도움과 손길에 의존하는
민폐 덩어리 아이로 자라게 하는 것이다.

가 온다고 한다.

"그럴 때 부모들이 아이를 도와주려고 하면 안 돼요. 부모가 보기에는 좀 답답한 측면이 있지만 꾹 참아야지요. 아이 스스로 할 수 있다는 만족감을 가지도록 놔두면 조금씩 잘하게 되는 것 같아요. 어른이 도와주기 시작하면 당연하게 해 달라고 합니다. 유니코 때는 제가 너무 많이 해 줬기 때문에 우리 부부가 같이 반성했어요. 모모세는 아예 처음부터 우리 도움 없이 스스로 하게 했어요."

미야자키 씨네 아이들의 놀라움은 아침에 스스로 일어나고 혼자서 옷 입는 거에 머무르지 않는다. 유니코는 매주 실내화를 스스로 빤다. 솔에 비누를 묻혀 싹싹 닦는 폼이 한두 번 해 본 솜씨가 아니다. 여덟 살 때부터 그렇게 했단다. 더 놀라운 것은 유니코가 저녁에 샤워를 마치고 양말과 속옷을 세탁하는 것이었다. 이 역시 여섯 살 때부터 그렇게 했다는데 아직 어린아이에게 빨래를 시키는 건 무슨 이유일까?

"저는 엄마니까 자식이 더럽힌 옷을 세탁하는 건 아무렇지도 않아요. 하지만 저와 유니코는 부모 자식 사이이기 이전에 타인의 시작입니다. 가장 가까운 타인이라 할 수 있어요. 다른 사람이 가르쳐줄 수 없는 걸 엄마이자 가장 가까운 남인 내가 가르칩니다. 더러운 양말과 자신의 속옷을 다른 사람이 세탁하게 만드는 것은 부끄러운 일이라고 가르쳤어요. 별로 어려운 거 아니니까 아이도 충분히 할 수 있어요."

한 번도 생각해 본 적 없는 얘기라 놀랍기도 했지만 분명 억지가 아니고 틀린 곳 한 군데 없는 맞는 말이었다. 개인의 은밀한 부분인 속옷과 지저분한 양말은 남에게 떠넘기지 않고 자신이 세탁하고 해결하는 것은 당연한 예의다. 그리고 당연히 아이가 어릴 때부터 부모가 가르치는 게 옳다. 그럼에도 나는 한 번도 이런 생각을 해 보지 못했다. 자기주도 학습을 하면 내가 편해질 줄 알기만 했지 아이의 자기주도적인 삶까지 미처 고려하지 못했던 것이다.

미야자키 씨가 저녁 식사 준비를 하면서 "급식 당번, 쌀 주세요."라고 말하자 모모세가 앞치마를 입고 주방으로 간다. 쌀을 그릇에 퍼 담더니 씻을 준비를 한다. 싱크대가 높아서 발받침을 밟고 올라서야 모모세 키에 맞출 수 있다. 세 살짜리 아이가 고사리 같은 손으로 쌀을 씻는다. 손가락을 포크 모양으로 벌리고 익숙한 솜씨로 손목을 돌리면서 쌀을 씻는다. 물론 엄마가 옆에서 보고 있지만 대단한 세 살이 아닐 수 없다. 모모세의 부엌일은 계속된다. 쌀을 다 씻고 나서 저녁 반찬 준비를 돕는다. 장조림에 들어갈 삶은 계란 껍데기 까기! 모모세는 조심스럽게 껍질을 까다가 계란 껍데기에 붙어 나온 흰자를 제 입으로 가져가며 엄마를 돕는다.

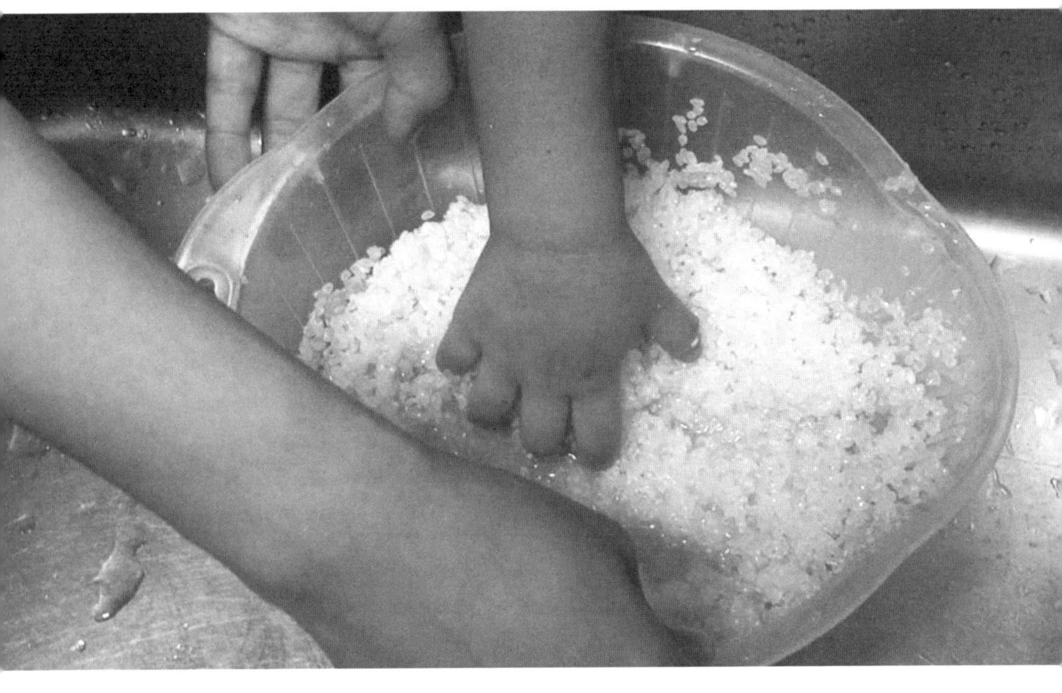

세 살짜리 아이가 고사리 같은 손으로 쌀을 씻는다.

손가락을 포크 모양으로 벌리고

익숙한 솜씨로 손목을 돌리면서 쌀을 씻는다.

쌀을 씻을 때는 흘린 쌀알까지도 주워 담으며

쌀이 얼마나 소중한지 가르친다.

미야자키 씨는 이처럼 자연스럽게 모모세를 가르친다. 쌀을 씻을 때는 흘린 쌀알들을 주워 담으면서 쌀이 얼마나 소중한지 가르친다. 달걀 껍데기를 벗길 때도 껍데기를 어디에 버려야 하는지 알려주면서 자연스럽게 분리수거를 가르친다. 이러다가 모모세가 자라서 "내가 배워야 할 모든 것은 부엌에서 다 배웠다."고 얘기하는 게 아닐까 싶었다. 모모세는 언제부터 식사 준비를 도왔을까?

"30개월 때부터 모모세가 주방에 오는 일이 잦아졌어요. 제가 먼저 하자고 하지는 않았는데 모모세가 하고 싶어 했어요. 그래서 같이 할 수 있는 걸 해 보자 싶어서 쌀 씻기부터 시작했어요."

우리 아이들도 그랬다. 내가 하는 집안일을 하고 싶어 했다. 쌀도 씻고 싶어 하고 설거지도 하고 싶어 하고 빨래도 널고 싶어 했다. 그런데 아이가 도움이 되기는커녕 내가 해야 할 일만 더 늘어나는 게 힘들어서 못하게 했다. 그랬더니 이제는 잘할 수 있는 나이가 됐는데도 아직 손이 서툴다. 무엇보다 아이들은 부엌일이 엄마의 일이지 자기들이 할 일이 아니라고 생각한다. 아이들이 어릴 때 좀 더 멀리 내다봐야 했었다. 하지만 늦지 않았다. 당장이라도 집으로 돌아가면 아이들에게 각자 할 수 있는 일들을 생각해서 서서히, 조금씩 스스로 할 수 있게끔 만들 것이다. 나도 가사 일에서 어느 정도 해방되고 싶기도 하고, 이렇게 아이들이 집안일을 익히지 못하도록 내버려두면 평생 남의 도움과 손길에 의존하는 삶이 될 수도 있으니까.

예의는 준비에서 나온다

나는 막내와 함께 외출할 때마다 스트레스를 받는다. 외출 준비가 오래 걸리고 힘든 탓도 있지만 사람들이 많은 공공장소에서 아이가 다른 사람에게 피해를 주는 행동을 하지 못하게 하는 데 에너지를 다 소비하기 때문이다. 아이와 집을 나서기 전부터 몇 번씩 주의를 주고 다짐을 받아도 약속이 잘 지켜지지 않는다. 미야자키 씨가 모모세와 함께 외출한다고 해서 따라가 보았다.

모모세는 엄마랑 외출하는 게 신나서 여느 아이들처럼 폴짝폴짝 뛰듯이 걷는다. 미야자키 씨는 전철을 타기 전에 모모세에게 다짐을 한다. "큰 소리를 내거나 울면 전철에서 내릴 거야, 알았지? 큰 소리 내면 어떻게 한다고?" "내려." "맞았어. 내리면 집에 돌아갈 수가 없어. 알아들은 사람?" "저요!" 여기까지는 나와 비슷하다. 미야자키 씨는 한마디를 덧붙인다.

"모모짱은 씩씩한 어린이니까 의자가 없으면 서 있어야 해. 할머니, 할아버지처럼 다리가 아픈 사람이 앉는 거야. 모모짱은 건강하니까 서서 갈 수 있지?"

모모세가 고개를 끄덕인다. 세 살밖에 안된 아이니까 어떻게든 아이를 자리에 앉히고 싶을 텐데 미야자키 씨는 좀 달랐다. 모모세의 나이가 자리가 있으면 앉겠지만 없으면 서서 갈 수 있는 나이라고 생각하는 듯했다. 아마도 모모세가 한두 살이라면 유모차를 가지고 외출했을 것이다. 그러나 유모차를 타지 않아도 되는 나이가 되었다고 생각해 서서 갈 수 있다는 게 미야자키 씨 판단이었다. 다른 사람에게 폐를 끼쳐가며 자리를 양보 받거나 좁은 자리에 끼어 앉아 가는 건 예의가 아니라고 생각하는 엄마였다.

지하철 등 공공장소에서 아이들이 떠들고 버릇없이 행동할 때 너그러운 엄마들을 흔히 보곤 한다. 이해는 되면서도 나부터 언짢은 마음이 든다. 같은 엄마 입장인데도 마음이 불편한데 주변 사람들은 오죽할까?

다행이 전철을 타니 빈자리가 있었다. 의자에 앉자마자 미야자키 씨는 모모세 신발부터 벗긴다. 아이가 창밖을 보기 위해 자세를 바꾸다가 신발을 신은 발이 의자에 닿을까 봐 아예 신발부터 벗겼다.

공공장소에서 아이가 다른 사람에게 폐를 끼치는 것은 싫어하면서

이에 대한 준비를 하지 않는 엄마들이 많다.

한 시간 동안 아이와 함께 지하철을 타야 한다면

아이의 행동을 예상한 대비책들을 가지고 있어야 한다.

예의는 준비하는 사람들이 잘 지킨다.

그 다음에는 가방에서 수건을 꺼내 모모세 치마 위에 덮어 준다. 세 살밖에 안 된 어린아이지만 치마 속은 보이지 않도록 신경 쓴다. 사실 세 살배기 아이가 전철 안에서 조용히 있어 주길 바라는 것은 너무 큰 욕심이다.

아이들은 원래 5분도 가만히 앉아 있을 수 없다(만약 할 수 있다면 그 아이는 더 이상 아이가 아니다!). 아이를 키우는 엄마라면 알 것이다. 미야자키 씨는 가방에서 손가락 인형을 꺼냈다. 인형을 검지에 끼우고 목소리를 바꿔 모모세에게 장난을 건다. "여긴 어디야?" "전철!" "아니야. 비행기야." "거짓말!" "배 안이야." "아니잖아?" "여긴 로켓이야." 모모세는 엄마와 작은 소리로 얘기를 나누며 즐거워한다. 모모세가 손가락 인형에 싫증을 낼 무렵, 미야자키 씨는 가방에서 조그만 망원경을 꺼낸다. 모모세는 망원경으로 창밖을 내다보기도 하고 전철 안을 살펴보기도 하면서 시간을 보낸다. 또 금방 싫증이 났는지 엄마 가방을 열어 사탕 하나를 찾아내 먹는다.

미야자키 씨 가방에는 뭐가 그리 많이 들었을까? 이번에는 그녀가 팝업 그림책을 꺼냈다. 책을 읽어 줄 수도 있고 파닥파닥 인형처럼 가지고 놀 수도 있는 책이다. 또 모모세가 시끄럽게 떠들면 "조용히 해." 하고 말할 수도 있어 여러모로 쓰임새가 많은 그림책으로 보였다. 한동안 그림책을 보며 말썽부리지 않던 모모세가 어느새 잠이 들었다. 모모세가 지루할 만 하면 엄마는 가방에서 작은 물건들을 하나씩 꺼내 아이가 울거나 소리 지르는 일 없이 한 시간가량 전철을 타야 하는 외출을 즐겁게 마치는 것이다.

취재진은 미야자키 씨에게 가방 안을 보여 달라고 했다. 모모세가 외출할 때마다 가지고 다녀 때가 탄 손가락 인형, 여러 가지 모양이 보여 시간 가는 줄 모르고 가지고 놀 수 있는 미니 망원경, 다용도로 쓸 수 있는 팝업 그림책, 동물도 만들 수 있고 총도 만들 수 있는 한 줄의 블록, 어쩔 수 없을 때 최후의 카드로 가지고 다니는 사탕 몇 알, 덮어 쓰고 놀 수도 있고 창문이나 치마 속을 가릴 수도 있는 수건, 무슨 일이 생기면 갈아입을 수 있는 옷 등 크지 않으면서 가지고 다니면 상당히 요긴한 이것들은 아이의 관심을 오래 잡아 둘 수 있는 전천후 물건들이다.

"외출할 때는 항상 이것들을 챙겨 다녀요. 굉장히 도움이 돼요. 준비를 안 했을 때와 했을 때는 천양지차예요."라고 말한다. 그녀가 사람이 많은 장소에 아이를 데리고 갈 때 가장 신경 쓰는 건 무엇일까? "아이를 좋아하는 사람만 있는 건 아니니까요. 아이가 시끄럽다고 생각하는 사람도 있으니 시끄럽게 떠들고 이상한 소리를 내지 않도록 신경 써요. 저는 아이가 울고 화를 내는 게 싫어요. 울기 전에, 울지 않도록 준비를 철저히 하려고 마음먹어요."라고 미야자키 씨가 대답했다.

나와 결정적으로 다른 점은 이 대목이었다. 나는 공공장소에서 아이가 울고 소란을 피워 다른 사람에게 폐를 끼치는 것은 극도로 싫어하면서도 아무런 준비를 하지 않았다. 고작 휴지나 사탕 정도만 챙겼을 뿐이다. 아이는 어른과는 다르다. 어른은 다른 사람을 위해 조용히 할 수 있고 불편함이나 지루함을 참을 수 있지만 아이들은 그렇지 않다. 공공 예절의 당위성만으로 아이를 행동하게 할 수는 없다. 그러니까 엄마가 준비하는 게 옳다. 한 시간 동안 아이와 함께 지하철을 타야 한다면 아이의 행동을 예상하고 대비책을 가지고 있어야 하는 것이다. 아이가 심심하지 않도록 미리 엄마가 준비하는 게 예의를 지키는 방법이다. 예의와 배려는 먼저 예상하고 준비하는 사람들이 더 잘 지킬 수 있다.

떼쓰는 아이에 대처하는 방법

큰딸 보리는 떼쟁이였다. 지금은 많이 자라서 막무가내로 떼를 쓰지 않지만 어릴 때는 한 번 떼를 쓰면 속수무책이었다. 보리가 네 살 때의 일이다. 한 번은 공원에 놀러갔는데 핫도그를 사달라고 했다. 그럴까 봐 밥을 충분히 먹여서 갔는데도 자기는 배부르지 않다면서 핫도그를 사 달라고 졸라댔다. 위생 상태도 걱정스럽고 질 좋은 음식도 아니라서 안 된다고 했더니 발을 동동 구르면서 떼를 썼다. 좋은 말로 달래고 이유를 설명해도 듣지를 않았다. 화가 나서 그냥 매점을 떠나 앞서 걸어가는데 보리는 따라오지 않고 공원이 떠나가라 소리를 질렀다. 당황하고 창피해진 나는 어쩔 수 없이 핫도그를 사 줄 수밖에 없었다. 하지만 일본에서는 이런 일이 흔하지 않다고 한다.

떼를 쓰는 아이에게 대처하는 방법은

아이와의 약속이 관건이다.

약속은 꼭 지켜야 한다는 걸 엄마가 몸소 보여 줘야 한다.

계속 떼를 쓰는 아이를 말로 설득시키는 건 무리다.

어느 선에서 '이 얘긴 끝'이라는 식으로 시선을 돌릴 것,

이것이 아이의 기분 전환에 도움이 된다.

미야자키 씨와 모모세가 저녁 반찬거리를 사러 나간다고 해서 얼른 따라 나섰다. 마트에 가니 모모세가 과자를 사달라고 조를지도 모르겠다고 생각했다. 과연 엄마는 마트 가는 길에 모모세에게 약속을 받았다. "모모짱 잘 들어. 마트에 오늘 저녁 반찬거리 사러 가는 거니까 모모짱 거는 안 살 거야, 알았지? 모모짱 과자는 오늘 안 사. 알았지? 약속!" 모모세는 약속을 했다. 하지만 마트 입구에 도착하자마자 모모세는 과자 진열대로 달려갔다. 호빵맨 과자를 사고 싶어 계속 만지작거리더니 "엄마, 이거 사고 싶어."라고 말한다. "안 사. 뭐라고 했지?" "사고 싶어!" "약속했잖아? 엄마가 뭐라고 했지? 모모짱 거 산다고 했어?" 모모세는 언제 그런 약속을 했냐며 과자를 산다고 했다고 고개를 끄덕인다.

"오늘은 생선이랑 채소 사러 왔어. 모모짱 거 아니니까 만지면 안 돼. 다른 사람들이 사는 거니까 맘대로 만지면 안 돼. 안 사." "사! 살 거야. 사!" 모모세가 떼를 썼다. "아까 약속했잖아, 오늘은 안 산다고. 호빵맨, 기다려! 다음에 올게. 엄마는 채소 사러 갈 거야." 하면서 엄마가 자리를 뜨자 화가 난 모모세가 달려가 엄마를 때리며 투정을 부린다. 엄마는 못 본 척하고 채소를 고른다. 우엉을 골라 장바구니에 담으며 "이건 뭐지? 무?" 하고 일부러 채소 이름을 틀리게 말한다. 화가 나서 엄마에게 치대고 있던 모모세가 얼른 "우엉!" 하고 정정해 준다.

"정답! 모모짱 알고 있구나. 모모짱이 좋아하는 토마토 사자. 어떤
게 맛있을까?" 하며 토마토를 고른다. 그제야 모모세는 언제 떼를 썼
냐는 듯 "모두 맛있을 거 같아." 하면서 기분 좋게 토마토를 골라 엄
마에게 준다. 엄마와 함께 생선도 고르고 콩나물도 고른다. 과자를
못 사 속상한 마음은 완전히 사라져 버린 듯했다.

"아이와 마트에 오기 전에 한 약속을 정확하게 지키도록 가르쳐
요. 오늘은 생선과 채소를 살 거니까 모모짱 거는 사지 않겠다고 약
속했을 때는 아이가 아무리 울어도 사 주지 않아요. 하지만 아무 말
도 하지 않고 장을 보러 왔을 때는 한 개만 사 주겠다고 하고 사 줄
때도 있어요."라고 대답한다. 결국 떼를 쓰는 아이에게 대처하는 방
법은 아이와의 약속이 관건이다. 약속한 건 꼭 지켜야 한다는 걸 엄
마가 몸소 보여 줘야 한단다.

"아이가 계속 떼를 쓸 때는 말로 아이를 납득시키려 하면 오히려
상황이 더 나빠질 수도 있어요. 제가 모모세가 납득할 때까지 상대
했다면 오늘 모모세는 울었을 거예요. 설득하는 것을 어느 선에서
멈추고 '이 얘긴 끝'이라는 식으로 선을 그어요. 아이도 어떻게 해야
할지 모르기 때문에 적당한 선에서 시선을 돌리는 게 기분 전환이
돼요. 일부러 채소 파는 곳으로 데리고 가서 과자를 잊어버리도록
우엉을 무라고 틀리게 말해요. 아이는 자기가 우엉을 알고 있는 걸
뽐내다가 과자를 잊어버렸어요. 그 나이에는 기분이 빨리 바뀌기 때

문에 주위를 딴 곳으로 돌리는 게 효과가 있어요.."

대단한 노하우가 아닌 것처럼 보이지만 미야자키 씨는 지혜로운 엄마다. 세심하게 아이의 특성을 파악하고 거기에 맞는 대처법을 갖고 있었다. 아이를 어른 대하듯 말로 설득하려고 하면 실패하기 쉽다. 아이들에게 통하는 방법이 따로 있다. 그 방법을 찾아내야 한다. 일본에서 아이를 잘 가르친다고 하는 사람들 사이에는 공통점이 있다. 마라톤 유치원의 테츠무라 원장도 토리야마 어린이집의 요코미네 원장도 미야자키 씨도 아이를 세밀하게 관찰해서 아이의 특성을 간파한다는 점, 그리고 아이들에게 맞는 교육법을 찾아낸다는 점(반드시 찾아낸다!), 원칙을 가지고 끝까지 실천한다는 점이 공통적이고 한결같다.

식탁 위의 전쟁

우리 집 딸들은 편식하는 편이어서 아이들이 어릴 때는 식사 시간이 되면 한바탕 전쟁을 치러야 했다. 큰딸 보리와 둘째딸 규리는 어린아이 같이 편식할 나이가 지났기 때문에 좋아하는 음식, 좋아하지 않는 음식이 있어도 싫다고 손도 대지 않는 일은 거의 없다. 하지만 막내딸 아리는 아직 어려서 음식을 골고루 먹이기가 정말 힘들다. 대부분의 어린아이들과 마찬가지로 햄을 좋아하지만 그건 아예 식탁에 올리지 않기 때문에 집에서 해 달라고 조르지는 않는다. 무슨 요리를 해 달라고 하는 것보다 안 먹겠다는 것이 문제다.

아이들은 대부분 채소류와 나물류를 싫어한다. 상추나 오이, 미나리 무침, 깻잎나물 등은 한 젓가락도 먹으려 하지 않는다. 아리가 먹기 싫어서 씹지 않고 입에만 넣고 있으면 바쁜 아침 식사시간은 물론이고 좀 여유가 있는 저녁 식사 때도 너무 얄밉다. 처음에는 좋은 말로 달래다가 결국 화가 나서 밥그릇을 빼앗거나 그만 먹으라고 소리 지르게 된다. 이럴 땐 아이들의 교육도 중요하지만 엄마의 정신 건강은 어떻게 해야 하나 싶다.

일본 엄마들은 어떻게 아이들이 골고루 먹도록 할까? 미야자키 씨네 저녁 식사 준비를 지켜보았다. 큰딸 유니코는 자진해서 식사 준비를 돕는다. 오늘 샐러드는 유니코의 몫이다. 오이와 토마토를 씻어서 칼로 써는데 그 솜씨가 어른을 능가한다. 모모세는 30개월부터 부엌일을 거들었고, 유니코는 첫애라 엄마가 육아 경험이 없어 늦게 시킨 것이 여섯 살부터라니 능숙한 게 당연하다. 드레싱은 열량이 높다며 조금 뿌린다. 유니코는 샐러드를 만들고 나서 식탁 차리는 것까지 도왔다.

일본 사람들은 한국인에 비해 간소한 식사를 즐긴다. 특별한 날이 아니고는 대개 '1즙 3채'로 식사를 한다. 1즙 3채는 국 하나와 세 가지 반찬을 뜻한다. 영양소를 균형 있게 섭취할 수 있는 좋은 식단으로 예부터 일본에서 전해 내려오는 전통식이다. 미야자키 씨의 가족들은 된장국에 감자와 달걀, 고기를 넣은 장조림, 오이 토마토 샐러드, 미나리나물로 식탁을 차렸다. 반찬은 식탁 가운데에 있는 큰 접

"저는 아이에게 한 번도 음식을 먹어 보지 않고

싫다고 해서는 안 된다고 말해요.

먹기 싫어도 반드시 한 입은 먹어야 한다고 약속해요.

한 입 먹어 보고 맛있다고 할 수도 있고 뱉을 때도 있어요.

그렇다고 예의범절 때문에 야단치지는 않아요.

기분 좋지 않은 식사 시간으로 만드는 게 싫어서요.

억지로 먹이지도 않아요.

오늘 안 먹어도 내일은 먹으니까 괜찮아요."

시에 담아 놓으면 각자 먹을 만큼 접시에 덜어 먹는다. 엄마는 반찬을 한 가지도 빠뜨리지 않고 모모세가 먹을 만큼 덜어 준다.

모모세는 세 살이지만 자기 의자에 앉아서 혼자 식사한다. 어린애가 참 의젓하게 식사를 한다 싶었는데, 이내 "맛없어." 하면서 투정을 부린다. 샐러드에서 토마토를 골라내고 있었다. 그러자 옆에서 아빠가 "맛 없으면 아빠한테 줘."라고 거들었다. 모모세가 반찬 투정을 하지 않도록 아빠가 재치 있게 대처하고 있었다. 모모세는 아빠가 토마토를 달라고 하자 "맛은 없지만 열심히 먹을 거야."라고 대답한다. "열심히 먹을 거야? 하지만 필요 없으면 아빠한테 줘, 아빠가 먹을 거야." "필요해." "그럼 먹어." "아, 역시 맛있어!" "맛있구나. 다행이다!" 모모세는 언제 그랬냐는 듯 골라냈던 토마토까지 맛있게 먹는다. 이 우스운 상황을 지켜보는 취재진은 자리에서 쓰러졌다. 모모세가 장난삼아 반찬 투정을 한다는 걸 아빠는 이미 알아차렸던 것 같다. 아이가 장난하는데 야단을 치거나 훈계조로 얘기했으면 아예 안 먹겠다고 고집을 부렸을지도 모를 일이다. 아빠가 적절하게 대응해서 모모세 골고루 먹기 1차 난관 통과했다.

모모세가 이번에는 미나리나물을 먹지 않겠다고 버텼다. 우리 집에서도 간혹 일어나는 긴장감을 여기서 또 맛봐야 하다니 다시 식탁에 묘한 긴장감이 돌았다. 그런데 이전에는 장난이 아니고 모모세가 정말 미나리나물을 싫어하는 모양이다. 이제는 엄마가 나설 차례다. "모모세, 골고루 먹어야 튼튼해지는데?" "싫어. 미나리 먹기 싫어!" 모모세가 제법 완강하다.

"한 입만 먹자. 안 먹으면 미나리가 슬프잖아. 먹어 줘, 먹어 줘, 라고 말하네?" 엄마의 설득에 홀라당 넘어간 모모세가 입을 크게 벌리고 미나리나물 한 젓가락을 입에 넣는다. 다 먹고 나더니 기분 좋은 얼굴로 "자란다, 자란다, 자란다." 하면서 팔을 번쩍 들어 올린다. 2차 난관도 무사통과다. 모모세는 그릇을 깨끗하게 비우고 "잘 먹었습니다."라는 인사까지 예쁘게 했다. 시간은 좀 걸렸지만 모모세는 편식하지 않고 골고루 음식을 먹었고 엄마는 소리 지르지 않아도 되는 기분 좋은 식사를 마칠 수 있었다.

"제일 중요한 건 웃으면서 맛있게 먹는 거예요. 그리고 예절 바르게 먹어야 해요. 젓가락질 제대로 하기, 국은 오른쪽 밥은 왼쪽에 두고, 개인 접시에 덜어 먹기, 골고루 먹기 그리고 다른 사람이 보기 싫지 않도록 예의를 갖췄으면 좋겠어요."

예절을 제일 중요하게 생각할 줄 알았는데, 식사 시간을 즐기는 것을 더 중요하게 생각하는 일본인들이 많은 것은 의외였다. 그들은 지나치게 형식적이고 엄격하게 예의를 강조하는 것만은 아니라는 생각이 들었다. 편식하는 아이를 다루는 방법에서도 그런 성향은 여실히 드러났다.

"우리는 아이에게 한 번도 먹어 보지 않고 싫다고 해서는 안 된다고 말해요. 음식을 보고 먹기 싫어도 반드시 한 입은 먹어야 한다는 약속을 이미 했어요. 아이들은 한 입만 먹어 보고 맛있다고 계속 먹을 때도 있고 맛없다고 뱉을 때도 있어요. 하지만 예의범절 때문에 야단을 치지는 않아요. 식사 시간을 기분이 좋지 않은 시간으로 만드는 게 싫어서요. 물론 억지로 먹이지도 않아요. 오늘 안 먹어도 내일 먹으니까 괜찮아요."

아이에게 음식을 억지로 먹이면 그 음식을 좋아할 수 없다. 그 다음 날도 그 음식을 맛있게 먹을 수 없을뿐더러 우울한 식사시간을 보내야 하는 것도 고문에 가깝다. 나도 우리 집 딸아이들의 까다로운 입맛에 분개하기보다 조금 더 여유를 갖고 식사시간 분위기를 조절해야겠다는 결심을 다졌다. 식탁 위에서의 전쟁만큼은 피하고 싶다.

아빠 머리는 내가 감겨 줘요

우리 딸들이 머리를 스스로 감은 시기는 아홉 살 때인 것 같다. 여섯 살인 아리는 아직도 내가 머리를 감겨 준다. 그러고 보니 내가 어릴 때 스스로 머리를 감은 것도 아홉 살이었다. 어느 여름날, 이웃 언니 집에 놀러 갔더니 그 언니가 마당 수돗가에서 머리를 감고 있었다. 샴푸 거품으로 장난을 쳐 가며 머리를 감는 게 무척 재밌어 보였다. 나도 집으로 돌아와 그 언니처럼 혼자서 머리를 감아 보았다. 그 이후로 머리를 혼자 감을 수 있게 됐는데 내가 남의 머리를 감겨 준 것은 큰딸 보리가 처음이었다. 갓난아기를 목욕시키고 머리 감기는 데 식은땀이 났다. 결코 쉬운 일이 아니었다.

미야자키 씨네 모모세는 아빠 머리를 감겨 준다. 제 머리도 감을 수 없는 세 살짜리가 말이다. 저녁 식사를 마친 모모세가 아빠 머리를 만지더니 욕실로 가서 아빠를 부른다. 아빠가 기분 좋게 대답하며 욕실로 들어간다. 그 모습이 신기해서 나와 카메라맨도 욕실로 들어갔다. 모모세 아빠가 몸에 타월을 두르고 의자에 앉자 모모세도 옷을 벗고 들어온다.

"모모짱, 아빠 머리 감겨 줄 거야? 잘 부탁합니다." 하고 각듯하게 인사를 하니 모모세는 어른 대접을 받은 게 기분 좋은지 약간 으쓱한 얼굴이다. 아빠가 샤워기 물을 적당한 온도로 맞춰 틀어 주자 모모세가 먼저 아빠 머리에 물을 적신다. 아빠는 연신 "아, 기분 좋다. 모모짱 잘하네요." 칭찬을 쏟아 놓는다. 미처 물이 닿지 않은 곳은 이쪽도 해 달라며 자연스럽게 머리 감기를 유도한다. 모모세가 자기는 아직 머리를 잘 못 감긴다는 생각이 들지 않도록 아빠가 신경을 많이 쓴다. "항상 아빠가 모모짱 머리 감겨 주니까 모모짱도 아빠 머리를 감겨 주는 거구나! 야, 좋은데!"

모모세의 아빠 머리 감겨 주기가 끝나자 이번에는 아빠가 모모세 머리를 감겨 줄 차례다. 아빠는 능숙하게 모모세 머리를 감겨 준다. 모모세가 욕실을 나가려고 하자 아빠는 "모모짱이 머리 감겨 줘서 기분 좋았어. 고마워. 감사합니다. 모모짱도 기분 좋아?"라고 말한다. "응, 기분 좋아 고맙습니다."라고 대답한다. 밖에서는 엄마가 수건으로 모모세를 닦아 주며 "아빠가 기쁘대. 모모가 앞으로도 계속 머리를 감겨 줬으면 좋겠대."라고 말하자 모모세는 "좋아 내일부터 매일 해 줄게."라고 무척이나 후한 인심을 쓴다.

"아이가 제 머리를 감겨 주도록 하는 건 두 가지 이유가 있어요. 사실 머리는 제가 직접 감으면 더 깨끗하지요. 하지만 부탁한 것을 해 주면 아빠가 기뻐한다는 것을 가르쳐 주고 싶어요. 부탁을 들어줬을 때 상대방이 좋아한다는 걸 가르쳐 주면 나중에 좋을 거 같아서요. 또 아이와 스킨십을 하면서 얘기를 많이 할 수 있다는 점이에요. 자연스럽게 친해져요."라고 미야자키 씨는 말한다.

일본 사람들에게 남을 배려하는 행동이 몸에 배어 있다는 말이 과장된 것은 아닌듯하다. 모모세 아빠도 아이가 어릴 때부터 생활 속에서 남을 배려하는 마음을 길러 주려고 애를 쓰고 있었다. 처음 모모세가 아빠 머리를 감겨 주었을 때는 지금보다 더 서툴렀고 그건 아빠도 마찬가지여서 시행착오를 겪었다고 한다.

"우리 집 샤워기는 처음에 차가운 물이 좀 나오고 난 후에 따뜻한 물이 나와요. 아직 물이 차가운데 모모세가 제 머리에 갖다 댄 적 있어요. 진짜 차가웠기 때문에 저도 모르게 비명을 질렀어요. 그때 모모세가 놀라는 모습을 보고 내가 실수를 했다는 생각이 들었어요. 애써 해 줬는데 아빠가 놀라면 다음에 해 주고 싶은 마음이 생기지

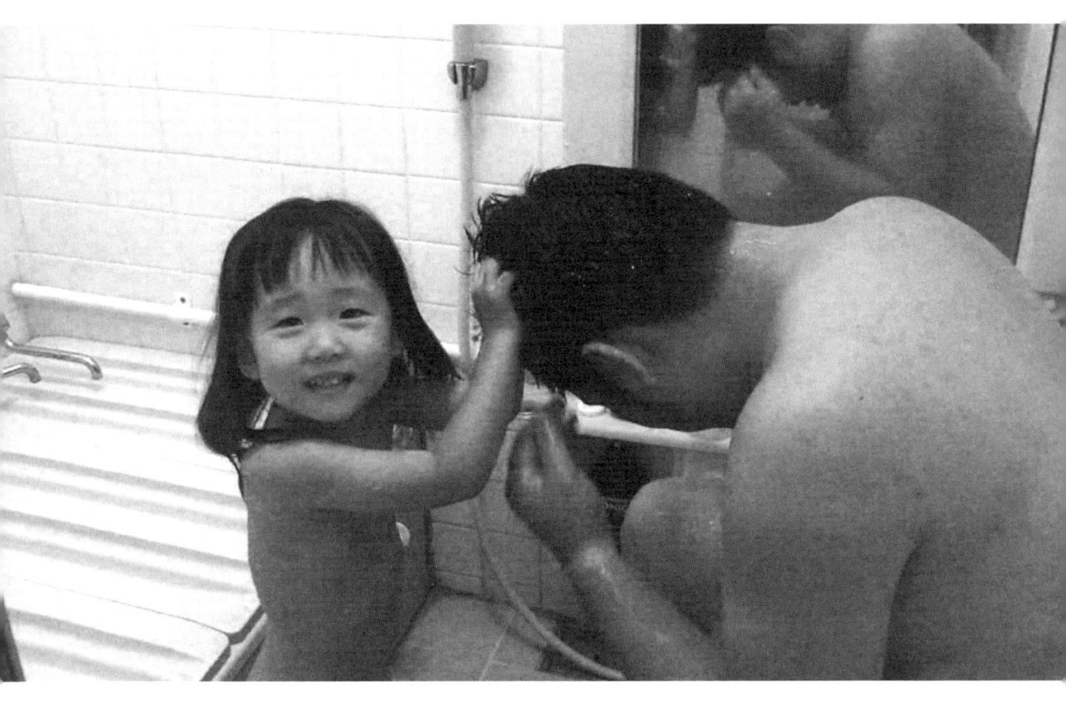

"아이가 제 머리를 감겨 주도록 하는 건 두 가지 이유가 있어요.

사실 제가 직접 감으면 더 깨끗하지요.

하지만 다른 사람의 부탁을 들어 주면

상대방이 좋아한다는 걸 가르쳐 주고 싶어요.

또 아이와 스킨십하면서 얘기를 할 수 있다는 점이 좋아요.

자연스럽게 친해져요."

않으니까요. 물론 아이니까 서툴러서 잘 못하는 부분도 있어요. 머리 구석구석 샴푸를 하거나 깨끗하게 헹구는 건 아직 어려워요. 그런 건 모모세가 알아차리지 못하게 제가 해결해요. 자기가 깨끗하게 잘 해냈다는 생각이 들어야 자부심을 느낄 테니까요”

아이의 실수를 나무라지 않고 선의를 받아 주는 것, 이것 역시 부모가 간과해서는 안 될 중요한 포인트다. 아이가 다른 사람을 도와줬다는 뿌듯한 자부심을 느끼게 하기 위해 오늘도 모모세 아빠는 새침한 태도를 보이는 모모세를 꼬드겨 머리 감겨 주기를 부탁하고 있다. 얼굴 가득 ‘아빠가 머리도 못 감는단 말이야?’ 하는 듯 자랑스러운 눈빛을 보내는 모모세는 어쩔 수 없다는 듯이 목욕실로 아빠를 부른다. 그리고 묻는다.

“아빠! 차가워?”

아이들은 정말 빛과 같은 속도로 배울 수 있는 존재들이다.

9시에 잠드는 아이들

외국인들이 한국의 가정집에 와서 자주 놀라는 것이 하나 있다. 어린아이들이 늦은 시각에도 자지 않고 깨어 있는 것을 보고 많이들 놀란다. 밤 10~11시 사이에 대형 마트에 가도 엄마 아빠를 따라 장보러 온 어린아이들이 많은 것을 보고 문화적 충격을 많이 받는다고 한다. 유럽 사람들은 밤에는 외부 활동을 거의 하지 않기 때문에 저녁 일찍 문을 닫는 상점들이 많고 좀 늦게까지 영업한다손 치더라도 아이들이 매장을 찾는 일은 없다. 아이들은 일찍 잠자리에 든다.

일하는 엄마라서 가장 힘든 점을 꼽으라면 나는 주저없이 '아이들 재우기'를 꼽는다. 밤늦게까지 일하는 날은 밤 12시에서 새벽 1시에 회사에서 나오기도 하고, 그렇지 않은 날도 퇴근해서 집에 돌아오면 오후 7시를 넘기기 일쑤다. 저녁 식사하고 설거지하고 아이들하고 얘기 좀 나누고 책 한두 권 읽어 주다 보면 씻고 잠자리에 드는 시각이 밤 11시다. 이러니 아리는 아침에 늦잠을 자고 싶어 해서 정말 깨우기가 힘들다. 늦게 자고 늦게 일어나는 악순환이 계속되는 것이다.

이 연결고리를 끊기 위해 여러 번 노력했으나 저녁 시간은 너무 빠르게 흘러가고 꼭 필요한 것만 해야 일찍 잠자리에 들 수 있다. 그래서 저녁 식사 요리를 미리 해 놓고 식탁을 빨리 차리는 수준에서 식사를 하고 난 다음, 아이들이 잠든 후에 설거지를 한다. 그렇게 하면 가까스로 9시 30분에 잠자리에 들 수 있다. 그런데 문제는 아이가 잠을 자지 않는다는 것이다. 잠이 오지 않는다며 옛날이야기를 해 달라고 해서 이야기를 시작하면 1시간 반 이상을 해야 겨우 잠이 든다. 그 사이 나는 이야기 만들어 내느라 녹초가 되어 버린다. 며칠 이렇게 하다가 결국 내가 손을 들고 만다.

미야자키 씨네 아이들은 항상 9시에 잠자리에 든다. 열 살인 유니코와 세 살인 모모세 모두 그렇다. 모모세는 오후 6시까지 어린이집에서 생활한다. 엄마 자전거를 타고 집에 돌아오면 6시 15분. 잠자리에 들 때까지는 3시간이 채 남지 않는다. 그래서 미야자키 씨는 시간 낭비를 줄이기 위해 저녁 식사 준비를 하는 동안 아빠가 모모세와 샤워를 한다. 식사를 하고 나서 가족이 함께 이야기를 나누면서 시간을 좀 보내고 나면 온가족이 동시에 잠자리에 든다.

부부는 아이들에게 책을 읽으면 자야 하고, 불을 끄면 자야 한다고 가르친다. 모모세는 자기 전에 항상 그림책을 한두 권 읽는다. 경우에 따라 세 권을 읽어 주기도 하지만 더 이상은 읽어 주지 않는다. 그리고 울거나 떼를 써도 불을 끄고 재운다. 텔레비전을 보겠다고 떼를 쓰지는 않는지 물어 보았다.

"식사 후에 잠깐 텔레비전을 보는 건 허락해 줘요. 하지만 9시가 넘으면 못 보게 해요. 유니코는 잠시 싫다고 할 때도 있지만 결국엔 말을 들어요. 모모세는 떼를 쓰기도 해요. 그땐 모모세 모르게 텔레비전 전원을 뽑아 놓고 텔레비전이 켜지지 않는다고 말해 줘요. 오늘은 안 나오네, 내일은 나오려나? 라고 말하면서 포기하도록 해요. 모모세는 아직 어리기 때문에 이 방법이 통해요."

우리 집은 아리가 잠들기까지 1시간 반 이상이 걸리기 때문에 아이가 잠자리에 들어서도 쉽게 자지 않으면 어떻게 하는지 궁금했다. "일단 잠자리에 들면 무조건 불을 꺼요. 깜깜해서 책을 볼 수 없기 때문에 제가 옛날이야기를 들려주거나 좋아하는 노래를 불러 줘요. 그리고 노래는 반드시 눈을 감고 들어야 한다고 말해요. 그러다 보면 잠이 들어요."라고 말한다. 그건 나도 쓰는 방법들이다.

"저도 모모세가 자지 않을 때 그 자리에서 자게 하는 건 어려워요. 대신 낮에 실컷 놀게 해야 밤에 잘 자요. 그리고 목욕물을 가득 받아 아이에게 전신욕을 시키는 것도 효과가 좋아요. 낮에 실컷 놀지 못해 아직 모모세가 잠에 곯아떨어질 것 같지 않다고 생각되면 힘이 남아 있다 싶을 때는 의자 위에서 점프해서 뛰어내리게 하거나 구르기를 시켜요. 체력을 빨리 소모해서 쉽게 잠이 들 수 있어요."

맞는 말이다. 아이가 잠자리에 들었어도 아이 몸이 잠잘 준비가 돼 있지 않으면 잠들기까지 시간이 오래 걸릴 수밖에 없다. 한국의 유치원들은 야외 활동을 거의 하지 않는다. 체육도 일주일에 고작해야 한두 번 한다. 산책도 거의 안 한다. 아무래도 아리는 낮에 활동량이 많지 않아 밤에 잠이 오지 않았나 보다. 앞으로 우리 집 밤이 많이 시끄러워지겠다. 아이들 재우기는 여전히 힘들다. 아이들 재우려다 엄마가 먼저 곯아떨어지는 사정은 비단 우리 집만의 역전 현상은 아닐 것이다.

아이들은 동물을 통해 생명의 신비와 기쁨, 수고와 헌신을 배운다.

사랑은 '책임지는 것'이라는 사실도 배운다.

시작이 있으면 끝도 있는 법.

아이들은 동물을 통해 삶과 죽음에 대해 생각한다.

사람보다 짧은 생을 사는 동물들을 지켜보면서

아이들은 생명의 전 과정을 경험한다.

PART

5

아이의 품성을 키워 주는
동물 선생님

메구미 동물원 유치원과
성 마거릿 초등학교

여기는 동물원 유치원

아이를 키우는 집이라면 한 번쯤 집에서 키우는 동물을 주제로 아이들과 실랑이를 하거나 설전을 벌인 적 있을 것이다. 그럴 땐 엄마는 항상 독재자 역할을 맡을 수밖에 없다. 살림살이의 고단함이 아이들의 동심을 억누를 수밖에 없는 것이 우리네 운명이니까. 다른 집 아이들과 마찬가지로 우리 집 아이들도 집에서 동물을 키우고 싶어 한다. 개나 고양이를 키우자고 조르지만 내가 알레르기성 비염이 있어서 안 된다는 걸 안 이후에는 햄스터, 그것도 안 되면 물고기라도 기르자고 난리다.

나는 화분도 잘 돌보지 못해 텅 빈 몇몇 화분이 베란다를 차지하고 있는 터라 동물을 돌보는 일은 아예 엄두조차 내지 못한다. 비교적 손이 덜 가는 식물도 사정이 이러한대 동물이야 언감생심 꿈도 꾸지 못할 일이다. 게다가 장기 출장이 많기도 하고 딸아이 셋 키우는 것도 벅차서 또 다른 생명을 돌볼 여유가 없다. 이러다 동물을 키우기라도 하면 중간에 포기할 수도 없어서 아이들에게 집에서 동물을 키울 수 없다고 선언해 버렸다.

일본에는 동물을 기르는 유치원이 있다. 우리 집 딸아이들이 이 사실을 알았더라면 영락없이 난 유치원 유학을 보내는 또 다른 극성 엄마의 대열에 낄 수도 있었을 것이다(딸들아, 세상에는 몰라도 되는 일이 아주 많단다). 도쿄 근처 사이타마 현에 있는 메구미 유치원은 동물원 유치원으로 유명하다. 40여 종류에 달하는 300여 마리의 동물을 키우는 유치원은 원아 수가 291명이니 아이보다 동물이 많은 곳이다.

우선 유치원 현관에 들어서면 열대어와 대형 메기가 사는 커다란 수족관 2개가 보인다. 신을 벗는 데 너덧 마리의 개들이 달려 나와 여기저기 냄새를 맡으며 우리를 관찰한다. 한눈에도 아이들과 오랫동안 지낸 개들이라는 걸 알 수 있다. 사람을 경계하지 않는 모습이 인생을 달관한 할아버지 같은 분위기를 풍겼다. 한참 우리를 살피던 개들은 이내 취재진의 방문에 관심을 잃었는지 근처에 누워 잠을 자 버린다. 메구미 유치원 마당을 빙 돌아보면 새장, 연못, 닭장, 염소 우리, 토끼우리가 있어서 마치 작은 동물원에 온 것 같다. 물고기 종류가 가장 많고 그 다음은 새와 토끼, 닭, 염소, 타조 등의 순으로 동물들이 아이들과 함께 살아간다.

이 동물들은 세 명의 사육사가 새벽부터 밤까지 정성껏 돌보고 있다. 동물들이 가장 많을 때는 지금의 세 배였고, 사육사도 여섯 명이었다고 한다. 동물의 수가 이렇게 많기도 하고, 강아지들의 혈종도 처음 들어본 이름이 많다. 개똥지빠귀나 일본 노다 지방에만 서식하는 비둘기 같은 귀한 종들이 있어서 이들 모두 합치면 수천만 엔의 가치가 있다고 한다. 농담으로 동물들을 사겠다는 사람이 있으면 팔겠냐고 물어 보았더니 원장 선생님이 손사래를 친다. 좋아서 기르는 것이기 때문에 동물들을 마지막까지 돌봐줄 것이고, 새끼가 태어나면 동물을 좋아하는 사람들에게 선물로 준다고 한다.

메구미 유치원에서 동물들을 기르기 시작한 것은 1956년부터다. 근처에 미군 기지가 있었는데 치의학 실험실에서 원숭이를 실험용으로 썼다고 한다. 실험이 끝난 원숭이들이 갈 곳이 없자 원장님이 데려다 키우기 시작했다. 그때 이후로 버려진 동물들에도 관심을 가지게 됐고, 여기저기서 품종이 좋은 동물들을 선물로 주기도 해서 동물원 유치원이라는 별명이 붙을 만큼 동물들이 많아지기 시작했다. 처음에는 아이들을 생각해서 동물들을 받아들인 것은 아니었다. 버려진 원숭이가 측은해서 돌보기 시작하다가 아이들이 동물들을

유치원에서 동물을 기르면 아이들의 마음속 깊이 친절함이 몸에 밴다.

동물들은 본능적으로 자신에게 호의적인 사람을 알아본다.

자연스럽게 아이들은 내 행동이 다른 사람에게도 좋은 행동인지

나쁜 행동인지 판단할 수 있게 된다.

메구미 유치원의 아이들은 동물에게서 친절과 배려를 배운다.

만나서 기뻐하며 웃는 모습을 보고 동물이 아이들에게 큰 기쁨, 큰 행복이 된다는 사실을 알게 되었다. 그 후 동물의 숫자를 점차 늘렸다고 한다.

메구미 유치원 아이들은 등원하자마자 동물들이 있는 곳으로 몰려간다. 전날 슈퍼마켓에서 브로콜리를 사 놨다가 자기가 가장 좋아하는 염소에게 가져다주는 아이도 있고, 집에서 요리할 때 벗겨 놓은 당근 껍질을 가져와 토끼에게 주는 아이도 있다. 아이들은 밥을 먹을 때마다 유치원에 있는 동물들이 좋아하는 음식을 생각하고, 식탁에 놓인 것들을 동물들에게 가져다주고 싶은 충동을 느낀다고 한다. 마치 엄마가 맛있는 것을 아이에게 먹이고 싶은 것과 똑같은 심정을 동물들에게 느끼는 것이다.

메구미 유치원의 오사코 신야 원장님은 유치원에서 동물을 기르면 가장 좋은 점으로 아이들의 마음속 깊이 친절함이 몸에 밴다는 점을 꼽는다. 동물들은 본능적으로 자신에게 미운 짓, 예쁜 짓을 하는 아이를 알아본다. 그래서 아이들은 동물들이 좋아하는 행동, 싫어하는 행동을 자연스럽게 구별할 수 있는 능력이 길러진다. 나아가 내가 하는 행동이 다른 사람에게도 좋은 행동인지 나쁜 행동인지 판단할 수 있게 된다. 메구미 유치원에 아이를 보내고 있는 엄마들도 "집에서 동물을 기를 수 없는 상황인데 유치원에서 동물들을 대하니까 아이의 마음이 한결 여유롭고 친절해졌다.”“유치원에서 닭을 많이 키우고, 알을 낳고, 병아리가 태어나는 과정을 지켜보면서 생명의 소중함에 대해 알 수 있어서 참 좋다.”고 말하기도 한다.

나는 아이들에게 친절이나 배려를 가르치려고 노력했지만 말로 표현하는 것 외에는 다른 방법을 궁리해 볼 생각은 하지 못했다. 그냥 말로 어려움에 처한 사람들에게 친절하게 행동하라거나 배려받고 싶으면 배려하라는 식으로 훈계조에 불과했으니 아이들이 곧이 새겨듣기 어려웠을 것이다. 학교 공부는 교과서도 있고 자습서도 있으니 그걸 보면서 하면 된다지만 아이들의 감수성과 타인에 대한 배려, 생명의 존귀함을 어떻게 가르쳐야 할지 난감할 때가 한두 번이 아니었다. 좋은 말을 골라서 하지만 추상적이라 구체적인 행동에 대해서는 나도 노하우가 없었다. 메구미 유치원에서는 친절한 마음, 배려하는 마음을 길러 주는 매개체로 동물을 키우며 아이들과 교감하게 만든다.

집에서 동물을 키우는 것이 아이들 정서를 풍요롭게 한다는 데 이견이 있을 수 없지만, 그런 환경이 어려울 때를 고려해 유치원에서 동물을 키우는 것도 좋은 방법이다. 만약 아리네 유치원에서 강아지를 기른다면 좋아서 매일 종알종알 강아지 얘기들을 늘어놓을 거다. 그런 아리의 모습이 훤히 그려져 상상만으로도 즐겁다. 아마도 아리는 메구미 유치원의 아이들처럼 강아지가 좋아하는 행동을 가장 먼저 알아차릴 것이며, 식탁에 올려진 음식 중에서 강아지가 좋아하는 음식이 있다면 우리 집 식구들은 아무도 그 음식에 젓가락을 대지 못할 것이다. 당장 아침부터 그 음식을 유치원에 들고 가서 강아지에게 먹이고 싶어 할 것이니 친절과 배려를 온몸으로 체험하게 될 아리가 눈에 선하게 그려진다.

학교 다니는 개, 버디

일본 도쿄에는 명문 사립 여학교인 성 마거릿 학교가 있다. 이 학교는 성공회 재단의 학교로, 초등학교부터 대학교까지 있는데 이 중 성 마거릿 초등학교에는 특이한 학생이 학교를 다니고 있다. 매일 아침 이 학교 종교 주임인 요시다 타로 선생님과 함께 차를 타고 등교하는 학생은 바로 두 마리의 '개들'이다.

학교에 다니는 개들은 여덟 살 '버디'와 버디의 새끼인 한 살짜리 '링크'다. 버디는 생후 70일에 성 마거릿 초등학교를 다니기 시작해 8년째 다니고 있다.

어느 날, 요시다 선생님은 학교 나오기 싫어하는 은둔형 외톨이 학생을 방문하기 위해 집을 나섰다가 분위기를 좋게 하려고 자신이 집

"버디가 조용히 있으니까 수업이 끝날 때면
'아, 버디가 있었지' 하고 생각나요.
버디는 우리 반의 일원이에요.
누구도 수업 시간에 신경 쓰며 버디를 특별 취급하지는 않아요."

에서 기르던 개를 데리고 간 적 있었다고 한다. 아이와 상담하다가 개와 함께 산책을 갔는데 그 학생이 "개가 학교에 있으면 학교 가는 게 즐거울 거 같아."라고 혼잣말 하는 것을 듣고는 아이디어를 얻었다고 한다. 그때부터 '학교에 다니는 개'의 역사가 시작됐다. 요시다 선생님은 지인을 통해 혈통 좋은 에어 데일 테리어 종의 강아지를 구입했고, 강아지를 도쿄로 데려와 예방접종을 하고 여러 가지 훈련을 시키면서 학교에 다닐 준비를 마쳤다.

버디는 생후 70일쯤 됐을 때 성 마거릿 초등학교에 다니기 시작했다. 처음 버디가 학교에 갔을 때는 모두에게 시간이 필요했다. 아이들은 학교에 갑자기 나타난 버디에게 적응하는 시간이 필요했고 버디도 학교에 적응하는 시간이 필요했다. 요시다 선생님도 수의사, 조련사, 소아과 의사 등 전문가들의 도움을 받아 그 과정을 잘 밟아 나갔다. 마침내 버디는 성공적으로 성 마거릿 초등학교 학생이 되었다.

'버디(Buddy)'는 '친구'라는 뜻이다. 스킨스쿠버들은 물속에 들어갈 때 혼자 들어가지 않는다. 물속에서 위급한 상황에 처할 경우를 대비해 항상 자신의 생명을 맡길 수 있는 친구와 함께 팀을 이뤄 잠수한다. 이때 같이 물속에 들어갈 친구를 가리켜 '버디'라 부른다. 요시다 선생님은 버디가 아이들의 친구가 되길 바라는 마음에서 그렇게 이름을 지은 것이다.

버디 같은 에어 데일 테리어의 평균 수명은 12~14년 정도다. 요시다 선생님은 버디가 여섯 살일 때 버디의 뒤를 이을 강아지를 찾아야겠다고 생각했다. 여러 종류의 개들이 물망에 올랐지만 교사들과 아이들은 하나같이 버디와 피를 나눈 개를 원했다. 그래서 2009년 6월, 버디가 네 마리의 새끼를 낳았을 때, 그중에서 한 마리를 골라 버디의 뒤를 잇도록 했다. 아이들은 '버디의 생명이 이어졌다'는 뜻과 새로 태어난 강아지와 깊이 교류하고 싶다는 소망을 담아 강아지의 이름을 '링크(Link)'라고 지었다. 이렇게 해서 어미 버디와 강아지 링크는 매일 함께 학교를 다니고 있다.

요시다 선생님도 처음에 학교에 다닐 개를 선택해야 할 때 고민이 많았다고 했다. 단순한 애완견이 아니라 아이들의 친구가 필요했기 때문이다. 개의 덩치가 너무 작으면 아이들이 생명으로, 친구로 느끼지 못하고 장난감으로 여길 것이라고 판단했다. 그래서 사람과 비슷한 크기의 개를 골랐다. 아이들이 안았을 때 부모에게 안기는 것 같은 느낌이 들 수 있는 개를 선택의 기준으로 삼았다.

또 아이들의 건강을 고려해서 털이 많이 빠지지 않고 공격적이지 않은 개를 찾았다. 에어 데일 테리어는 크기 면에서 적당하고 털도 많이 빠지지 않는데 사냥개라서 좀 공격적인 게 흠이었다. 요시다 선생님은 에어 데일 테리어가 가장 적합하다고 판단했다. 대신 에어 데일 테리어의 단점인 공격성을 보완하기 위해 혈통이 좋은 개로 골랐고 훈련을 열심히 시켰다. 에어 데일 테리어의 공격성 때문에 처음에 버디를 좀 우려했던 사람들도 지금은 모두 잘한 선택이었다며 만족스러워하고 있다. 학교에서 교육적 목적으로 개를 키울 때는 어떤 종류의 개를 선택하느냐는 것은 매우 중요한 문제다. 버디가 아이들과 함께 있는 모습을 보면 정말 아이들의 친구 같다.

버디와 링크는 요시다 선생님의 차를 타고 등교해서 그냥 학교에 있다가 하교하는 게 아니다. 버디와 링크는 학교에 다니는 학생이므로 수업을 받는다. 버디가 모든 수업에 다 들어가는 것은 아니고 요시다 선생님이 담당하고 있는 성서 수업에만 들어간다. 요시다 선생님은 1~6학년 학생들의 성서 과목 담당 교사다. 요시다 선생님이 수업에 들어가서 맨 처음 하는 일은 교실을 한 바퀴 돌면서 버디와 아이들을 인사시키는 일이다. 이때 아이들은 좋아서 어쩔 줄 모른다.

버디를 쓰다듬고 껴안는 아이가 있는가 하면, 머리를 만지며 "아, 보들보들해. 샴푸하고 왔어?" 하고 묻는 아이도 있고, 버디는 아직 멀리 있는데 목이 빠져라 자기 앞으로 다가오길 기다리는 아이도 있다. "귀여워." "좋아." 여기저기서 한마디씩 한다. 이렇게 아이들이 버디에게 빠져 있으면 수업에는 어떻게 집중할지 약간 걱정되기도 했다. 하지만 수업이 시작되자마자 버디는 교실 한쪽에 자리를 잡고 눕더니 곧 잠들어 버렸다! 버디는 수업을 열심히 듣는 모범생은 아니었다. 아이들을 살펴보니 버디에 신경 쓰느라 수업에 건성인 아이는 아무도 없었다.

"버디가 조용히 있으니까 수업이 끝날 때면 '아, 버디가 있었지' 하고 생각나요. 버디는 우리 반의 일원이에요. 누구도 수업 시간에 신경 쓰며 버디를 특별 취급하지는 않아요."

버디가 교실 한쪽에서 쉬는 동안 버디가 주는 안정감 때문에 아이들은 공부에 더 잘 집중하는 것 같았다. 버디는 학급의 일원으로 충분히 자기 역할을 다하고 있었고, 아이들의 친구로, 학교 다니는 개로 확고부동하게 자신의 위치를 지키고 있었다.

동물동반 교육의 관건

버디가 다니는 성 마거릿 초등학교의 교정은 무척이나 아름답다. 취재진이 촬영을 간 10월 중순에는 학교 전체가 가을빛을 띠고 있었다. 오래된 학교의 전통을 보여 주기라도 하듯 고목이 여기저기 자리 잡고 있고 건물들은 깨끗한 현대식이다. 교무실은 1층, 교실들과 붙어서 운동장과 접해 있다. 교무실 옆에 대부분 교장실이 있는 것처럼 교무실 옆에는 버디의 방이 따로 있다. 개 한 마리가 버젓이 교무실의 방 하나를 차지하고 있는 것이다.

개를 학생으로 받아들이자고 했을 때 반대가 없었던 건 아니다. 아무 의심이나 걱정 없이 모두가 버디를 환영했던 것도 아니다. 집에서 키우는 애완견도 이런저런 할 일과 걱정이 많은데 개를 학생으로 받아들이자는데 왜 어려움과 망설임이 없었겠는가. 하지만 버디는 운이 좋았다. 버디가 학교로 올 때 마침 학교 내에서 흡연을 금지하는 법이 만들어지고 있어서 원래 흡연실이었던 곳에 버디 방을 만들어 줄 수 있었다. 버디의 학교생활은 처음부터 행운이 따라 주었다.

성 마거릿 초등학교의 요시다 타로 선생님은 일본에 처음으로 동물동반 교육 개념을 도입한 선생님이다. 동물동반 교육은 교육적인 목적으로 동물을 교육현장에 두는 것을 말한다. 단순히 학교에서 개를 사육하는 것이 아니라 개와 아이들이 함께 생활하는 것이다. 그 전에는 일본의 어떤 학교에서도 개와 아이들이 함께 생활한 사례가 없었다. 어느 곳이든 전례가 없는 일을 새롭게 시도하는 것은 어렵기 마련이다.

요시다 선생님은 꼼꼼하게 준비했다. 여러 가지 자료를 모아 학교에서 개를 기르면 어떤 효과가 있는지 학교 당국과 선생님들, 학부모들에게 설명하고 학교에서 개를 기르는 데 동의를 얻어냈다. 하지만 그건 시작에 불과했다. 개가 온 이후에는 아이들이 개에게 물린다든지, 개 때문에 병에 걸린다든지 하는 사고가 절대 일어나지 않도록 만전을 기해야 했다. 반대로 개가 스트레스를 받아 중간에 동물동반 교육을 포기하는 상황이 생기지 않도록 대비해야 했다.

2003년 맨 처음으로 버디를 학교에서 기르려고 준비할 때 요시다

학교에 다니는 개를 통해 아이들 정서 교육을 하는 건 좋은 아이디어다.

그러나 치밀한 준비와 교사, 학부모들의 자발적인 헌신이 있어야 가능하다.

개가 학교에서 아이들과 함께 지내려면

개와 아이들 모두 훈련을 받아야 한다.

교사와 학부모, 학생 모두 개가 학교에서 잘 지낼 수 있도록

환경을 만들어야 한다.

선생님 주위에 전문가가 아무도 없었다고 한다. 요시다 선생님은 외국의 자료를 찾고, 버디를 조련사와 유명한 수의사에게 데려갔다. 이렇게 지난한 준비를 마치고 버디가 학교에 다니기 시작했을 때 변화의 조짐이 보이기 시작했다. 생각보다 아이들이 버디를 너무나 사랑했기 때문에 집에 가서 자주 버디 이야기를 하게 됐고 그제야 부모님들도 버디에 관심을 가지기 시작했다.

한 아이는 수의사인 할아버지에게 가서 "할아버지, 우리 버디 좀 봐 주세요."라고 조르기도 했다. 손녀의 재촉에 못 이겨 학교를 방문한 할아버지 수의사는 교육적인 목적으로 학교에 다니는 개를 키우는 것에 크게 감동했다고 한다. 할아버지는 손녀가 학교를 졸업한 이후로도 8년째 버디의 건강을 정기적으로 체크하는 자원봉사를 하고 있다. 또 다른 수의사 엄마는 버디와 링크를 모델로 아이들에게 개의 특성에 대한 수업을 해 주기도 한다. 덕분에 아이들은 함께 생활하는 버디에 대한 이해도가 높아졌다. 애견 미용을 하는 학부모는 정기적으로 학교를 방문해 버디와 링크의 털도 빗겨 주고 예쁘게 단장도 해 준다.

개가 학교에서 아이들과 함께 지내려면 개와 아이들 모두 훈련을 받아야 하는데 아이들과 버디, 링크를 훈련시키는 조련사도 자원봉사자다. 점차 버디와 아이들은 서로에게 적응해 나갔고, 학부모들이 버디와 아이들 사이를 튼튼하게 지탱하는 데 많은 도움을 주기 시작

했다. 버디가 아이들 교육에 큰 도움이 된다는 생각에 공감한 교사
와 학부모들이 버디가 학교에서 잘 지낼 수 있는 환경을 만들어 준
것이다.

학교에 다니는 개를 통해 아이들 정서 교육을 하는 것은 좋은 아이
디어다. 그러나 치밀한 준비와 교사, 학부모의 헌신이 있어야 동물동
반 교육이 효과가 있다. 취재를 하면서 동물동반 교육은 그냥 학교
에서 개를 키운다고 되는 일이 아니라는 걸 깨달았다. 아무도 관심
을 두지 않으면 선생님이 매일 학교에 개를 데리고 왔다 갔다 하는
일에 불과하다. 그럴듯한 장난감을 가지고 오면 처음에는 아이들이
관심을 보이다가 곧 시들해지듯 개가 학교 한 구석에 있으면 구경하
러 오기는 하겠지만, 곧 존재 자체를 잊게 될 것이고 아무런 교육적
성과도 얻지 못할 것이다. 개를 통해 아이들의 성장을 돕겠다는 뚜
렷한 목표를 가지고 선생님과 학부모들이 여건을 만들어 나갈 때 비
로소 동물동반 교육이 성공할 수 있는 것이다.

성 마거릿 초등학교 아이들이 버디와 함께 있는 모습은 보기만 해
도 흐뭇하다. 아이들과 버디 모두 자연스러운 관계를 맺고 있었고,
모두가 행복한 얼굴이었다. 실제로 버디는 개가 아니라 사람이라는
착각이 들 정도로 버디와 아이들 사이의 우정은 끈끈했다.

훈련이 필요해!

    그날은 비가 내렸다. 아침에 학교에 온 링크가 숨을 씩씩거리며 이상하게 흥분하는 기색이 역력했다. 요시다 선생님은 개는 비가 오는 날이면 흥분한다고 귀띔해 주었다. 링크는 아직 나이가 어려 에너지가 남아돌기 때문에 이런 날일수록 운동장에서 뛰어놀도록 해 줘야 한다. 비가 오지만 요시다 선생님은 부메랑을 들고 링크와 함께 운동장으로 나간다. 부메랑을 쫓아 달리는 링크는 아주 신이 났다. 달려가다 뛰어올라 날아가는 부메랑을 거의 실수 없이 받아낸다. 두 귀를 팔랑거리며 자랑스럽게 부메랑을 물고 와 요시다 선생님께 가져다준다. 이렇게 한바탕 뛰고 나서야 링크가 좀 차분해졌다.

    요시다 선생님도 처음에는 이런 노하우가 없어 어려움을 겪기도 했다. 링크가 흥분한 상태라는 걸 모르고 수업에 데리고 들어가서 교실 분위기를 엉망진창으로 만들어 버린 사건이 있었다. 그 후 조련사를 통해 링크의 에너지를 발산시켜야 한다는 것을 알았고 방법을 배웠다. 동물동반 교육은 일반적으로 학교에서 개를 키우는 것과는 근본적으로 다르다. 동물을 일방적으로 돌보거나 실험, 관찰용으로 생각하는 것과도 거리가 멀다. 동물동반 교육은 아이들이 매일 개와 학교생활을 함께 하면서 서로 깊게 감정을 교류할 수 있도록 하는 것이다. 동물동반 교육은 가랑비에 옷 젖듯이 천천히 아이들의 일상에 영향을 미친다.

물론 일회성 이벤트로 애완견이 학교를 방문하거나 수의사가 애완견을 데리고 와 한 번 강의하면 잠깐 동안 아이들의 시선을 잡을 수는 있겠지만 아이들이 실제적인 경험을 바탕으로 애완견과 관계를 맺는 것은 불가능하다. 선생님이 시간과 공을 들여 아이들과 가까운 자리에서 개를 키우고, 언제 어디서든 개를 생활 속으로 끌어들이려는 노력이 필요하다. 그래야만 아이들의 정서 발달에 도움을 줄 수 있다.

아이들과 개가 항상 생활을 함께하며 깊게 관계를 맺기 위해서는 아이들과 개 모두에게 훈련이 필요하다. 개는 내버려두면 자기 마음대로 하려는 버릇이 생긴다. 눈길을 끄는 것을 쫓아 달려가기도 하

개들은 비가 오면 잘 흥분한다.

나이가 어린 링크는 에너지가 넘쳐

비가 올 때면 운동장에서 뛰어놀도록 해 줘야 한다.

링크는 요시다 선생님이 던지는 부메랑을 쫓아 달리며

한바탕 뛰고 나야 차분해진다.

이런 상태에서 교실에 들어가야

아이들 수업에 지장을 주지 않는다.

고, 심하면 아이들을 해칠 수도 있다. 조금씩 개를 제어하는 훈련을 병행해야 한다. 수백 명의 아이들을 상대하는 버디와 링크는 다른 개들과는 달리 어려운 입장에 처해 있다. 버디와 링크를 훈련시키는 조련사 고센 마사히로 씨의 말을 들어 보자.

"학교에는 많은 아이들이 오고, 아이들이 뒤에서 꼬리를 잡거나 갑자기 큰소리를 내기도 해요. 개의 입장에서 보면 일반 가정에서는 생각지 못했던 놀라운 일이 일어날 가능성이 높은 거지요. 그래서 학교에서 개를 기르려면 가정보다 여러 가지 상황에 익숙해지는 훈련이 필요해요."

고센 씨는 한 달에 한 번씩 성 마거릿 초등학교에 와서 버디와 링크가 여러 상황에 익숙해지도록 훈련을 시킨다. 흔히 훈련이라고 말하지만 훈련 대상은 개라기보다 개와 함께 생활하는 아이들이다. 버디, 링크 같은 에어 데일 테리어는 조그마한 애완견이 아니기 때문에 초등학생들이 다루기 어렵다. 그래서 아이들은 안전하게 개를 다루는 방법을 훈련받는다.

취재진은 버디와 링크가 한꺼번에 훈련받는 모습을 처음부터 끝까지 지켜봤다. "앉아 있어!"라고 말하고 개들이 좋아하는 장난감 공으로 유혹해 보았다. 어떤 상황에서도 움직이지 않고 명령에 따르도록 훈련시키는 방법 중 하나다. 버디와 링크의 반응은 확연하게 달랐다. 버디는 '앉아 있어!'라고 말하자 아무리 눈앞에서 공을 굴려도 시선도 흐트러뜨리지 않았다. 반면 링크는 눈으로 공을 쫓아가는 걸로도 부족해 공을 쫓아 이리저리 마구 뛰어다녔다. 마치 어린아이가 좋아하는 장난감을 쫓아다니는 모습과 똑같았다.

버디는 태어난 이후 8년째 훈련받고 있다. 1년 조금 넘게 훈련을 받은 링크와는 비교도 되지 않는 베테랑 학생 개다. 버디는 링크 앞에서 의젓하게 시범을 보인다. 아이들은 링크도 꾸준히 훈련받으면 버디처럼 될 것이라는 생각한다. 그만큼 아이들과 버디는 서로를 너무 잘 알고 있다. 동물동반 교육은 하루 이틀에 끝나는 교육이 아니다. 사람과 사람이 관계를 맺고 서로 영향을 주고받는 데 시간이 걸리는 것만큼 개와 아이들의 관계 맺기도 시간이 걸린다. 버디와 아이들이 서로 익숙해지기 위해 끊임없이 훈련을 받으면서 시간과 공을 들였기 때문에 지금처럼 개와 아이들이 서로 친구가 될 수 있었던 것이다.

최근 한국에서 문제가 되고 있는 청소년 왕따, 자살 문제도 사실은 사람과 관계를 맺는 교육이 부족하기 때문이다. 실력을 외치는 교실 수업은 아이들의 성적은 올릴 수는 있겠지만 정작 더 큰 세상에서 남과 더불어 살 수 있는 감성을 잃게 만들기도 한다. 아이들의 자기중심적인 사고가 일상화되는 상황에서 사람이든 동물이든 생명에

대한 소중함을 일깨워 주는 교육은 어느 때보다 필요하다. 그런 점
에서 동물동반 교육은 아이들의 학업 성취도를 높이면서도 관계에
대한 감성도 키워 주는 일석이조의 교육 방식이다.

버디 똥이니까 괜찮아

아침 8시 버디 방. 아이들이 한두 명씩 들어오자 버디와 링크가 반가워서 난리다. 아이들의 냄새를 맡고 몸을 부빈다. 아이들도 버디와 링크에게 인사하고 질서정연하게 움직이기 시작한다. 어떤 아이는 물을 떠오고 어떤 아이는 버디와 링크의 식사를 챙기고 또 어떤 아이는 청소를 한다. 누군가 했더니 바로 버디 워커(Buddy Walker)들이었다. 버디 워커는 버디와 링크를 돌보는 아이들이다. 버디가 처음 학교에 왔을 때 학교생활에 빨리 적응하도록 돕기 위해 6학년 학생들이 자진해서 모임을 결성했고 기를 이어가며 8년째 활동하고 있다.

버디 워커들은 버디와 링크의 밥과 물을 주고, 목욕을 시키고, 버

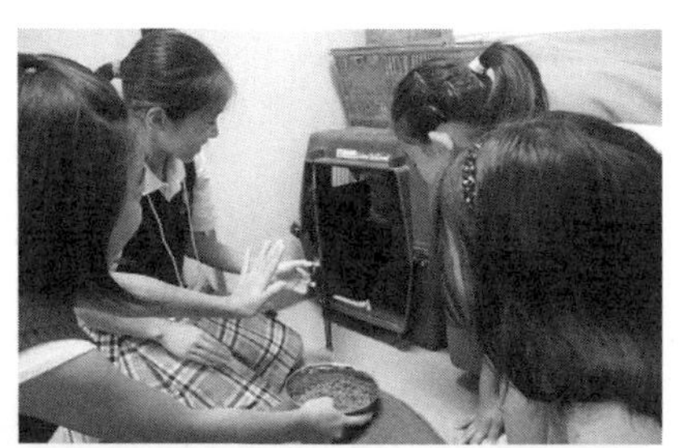

버디 워커는 자발적으로 조를 짜고 당번을 정한다.

당번인 아이들은 알아서 정확한 시간에 맞춰 제 할 일들을 한다.

밥을 두 번 주는 실수를 하지 않기 위해

게시판에 자신들이 한 일을 기록한다.

버디 워커들은 알아서 꼼꼼하게, 체계적으로, 척척, 잘하고 있었다.

디 방을 청소하고, 화장실에 데려간다. 그리고 하루 세 번, 즉 쉬는 시간, 점심시간, 방과 후에 버디를 산책시킨다. 버디 워커의 일 중에서 산책시키기는 쉬운 일이 아니다. 오랫동안 훈련을 받고 버디를 잘 다룰 수 있어야 가능하다. 그래서 버디 워커는 6학년 학생만 할 수 있다. 아이들은 자발적으로 조를 짜고 당번을 정한다. 당번인 아이들은 알아서 정확한 시간에 맞춰 와서 제 할 일들을 한다. 밥을 두 번 준다거나 하는 실수를 하지 않기 위해 버디 방 한쪽 벽에 보드를 붙여 놓고 자신들이 한 일을 기록하고 있었다. 버디 워커들은 알아서 꼼꼼하게, 체계적으로, 척척, 잘하고 있었다.

성 마거릿 초등학교에 다니는 6학년 학생의 절반 이상이 버디 워커로 활동하고 있다. 그리고 1학년, 2학년 아이들은 어서 6학년이 되어 버디 워커가 되는 것이 꿈이다. 아이들 인터뷰를 통해서도 버디 워커가 얼마나 자랑스러운 이름인지 확인할 수 있다. 버디 워커로 활동하고 있는 가네코의 말을 들으면 아이들이 버디를 얼마나 각별하게 생각하는지 느낄 수 있다.

"개를 좋아해요. 1학년 때부터 버디를 지켜봤고 버디 워커가 되고 싶어 6학년이 되기를 손꼽아 기다렸어요. 6학년이 되자마자 버디 워커에 지원했어요."

심지어 개 알레르기가 있는 아이도 버디 워커로 일하고 있다. 마츠이 레이코는 "1학년 때부터 버디 워커가 되고 싶었어요. 어릴 때부터 개 알레르기가 있어서 집에서는 기를 수 없었지만 학교에 개가 있으니까 돌보고 싶었어요."라고 말한다. 알레르기가 있는데 괜찮냐고 물으니 괜찮단다. 혹시 알레르기가 없는 건 아닐까?

마츠이의 엄마는 "혈액검사를 했는데 마츠이가 개 알레르기가 있는 건 사실이었어요. 그래도 마츠이가 동물을 굉장히 좋아하고 버디 워커가 되겠다는 강한 의지가 있어서 기침이 많이 나거나 증상이 나오면 요시다 선생님께 말씀드리자는 각오로 버디 워커가 되는 걸 허락했지요. 다행히 특별한 증상이 나타나지 않아서 잘하고 있어요."라고 말한다. 요시다 선생님이 버디와 링크를 목욕도 자주 시키고, 털 관리도 잘하기 때문에 수업 시간에 만나는 아이들은 물론이고 버디 워커들도 알레르기를 일으킨 적은 없었다고 한다.

버디 워커는 말 그대로 '버디와 산책하는 아이들'이다. 그만큼 버디와 산책하는 것이 버디 워커들이 해야 할 일 중에서 가장 큰 비중을 차지한다. 버디와 링크는 산책하는 것을 좋아하고 버디 워커들도 개들과 산책하는 걸 좋아한다. 아이들은 버디와 링크를 데리고 산책을 나갈 때 꼼꼼하게 준비한다. 두 명의 아이는 보조 가방을 하나씩 들고 나가는데, 가방 속에는 개와 산책하는 데 필요한 물건들이 들

사랑하는 대상이 생기면 돌봐 주고 책임지고 싶어진다.

버디 워커들도 사랑하는 마음이 아니면 도저히 할 수 없는 일을 하고 있다.

누군가를 사랑하게 되면 강해진다.

누군가를 돌보는 수고와 고통은 마음을 성숙시킨다.

그것이 사랑의 힘이다.

버디 워커들은 버디와 링크를 돌보면서 사랑하는 마음을 경험한다.

어 있다. 버디와 링크는 밖으로 나오자마자 교정을 신나게 달린다.

아이들도 비명을 지르며 함께 달린다. 그러더니 화단 한쪽에 이르러서는 아이들이 "하나둘, 하나둘, 하나둘!" 구령을 하자 버디가 소변을 보기 시작한다. 이 신호는 편안하게 소변을 보라는 신호다. 버디가 소변을 다 보고 나면 한 아이가 보조가방에서 물병을 꺼내 버디의 소변을 씻어 내린다. 마치 엄마가 아기의 기저귀를 능숙하게 처리하는 것처럼 말이다. 아이들은 개를 돌보는 데 있어서만큼은 프로였다.

산책 코스는 성 마거릿 초등학교 뒤에 있는 교정을 한 바퀴 도는 것이다. 약 600미터쯤 되는 거리를 산책하면서 버디와 링크는 소변도 보고 대변도 본다. 코스를 절반쯤 돌았을 때 링크가 대변을 보자 이내 아이 둘이 들고 있던 가방에서 비닐봉지를 꺼내 손에 끼더니 그 위에 휴지를 두툼하게 올려 놓는다. 좀 머뭇거리더니 링크의 대변을 비닐에 넣고 묶어서 쓰레기통에 버린다. 지저분해진 바닥은 물을 부어 깨끗하게 씻어 내린다. "분명히 힘든 일이지만 버디와 링크를 좋아하니까 할 수 있어요."라고 말할 수 있는 아이들은 정말 대단한 아이들이었다. 나도 감히 엄두를 낼 수 없는 일(아이들도 그것을 치우기는 쉽지 않았을 것이다!)에 용기를 내는 아이들을 보고 버디와 링크를 사랑하는 마음을 그대로 느낄 수 있었다.

아기가 태어나서 첫돌이 될 때까지 엄마들은 참으로 많은 걸 인내하고 평소에는 엄두도 내지 못할 일을 한다. 잠도 못자고 밥도 제 시간에 먹을 수 없고, 아기의 대소변 기저귀를 처리하는 것도 평생 처음 해 보는 일이다. 물론 아기를 돌보는 것은 힘든 일이지만 아기를 사랑하기에 힘들다고 느끼지 않는다. 사랑하는 대상이 생기면 돌봐주고 책임지고 싶은 것이 인지상정이다. 어린아이들로 구성된 버디 워커들도 사랑하는 마음이 아니면 도저히 할 수 없는 일을 하고 있다. 누군가를 사랑하게 되면 사람은 강해진다. 그리고 누군가를 돌보는 수고로움과 고통이 마음을 성숙시키는데, 그것이 바로 사랑의 힘이다. 버디 워커들은 버디와 링크를 돌보면서 사랑하는 마음을 알아가고 있었다.

버디를 보면 엄마 생각이 나요

우리 가족은 한 번도 긴 시간 동안 떨어져 지낸 적 없다. 그러나 큰 아이 보리는 가끔 내 생각을 하면서 눈물을 흘릴 때가 있다고 한다. "엄마, 오늘 바람 불고 엄청 추웠잖아. 학교 앞에 어떤 아줌마가 네 살쯤 된 아이를 업고 가지 않겠어? 왜 그랬는지는 모르겠는데 엄마 생각이 나서 눈물이 조금 났어."라든가 "길에서 엄마 닮은 사람을 봤는데 갑자기 엄마가 너무 보고 싶은 거 있지."라고 말하곤 한다.

나 역시 날씨가 매섭게 추운 날에는 엄마가 끓여준 동태찌개를 온 가족이 둘러앉아 맛있게 먹었던 일이 생각하며 엄마 생각을 한다. 또 아이들 때문에 속상한 일이 있을 때마다 엄마 생각을 하곤 한다. 성 마거릿 초등학교의 아이들도 버디를 보면서 엄마 생각을 한다.

아이들은 버디와 강아지들을 통해

생명의 신비와 기쁨, 생명을 키우는 수고와 헌신을 배운다.

사랑은 '책임지는 것'이라는 사실도 배운다.

생명은 시작이 있으면 끝도 있다.

아이들은 버디를 통해 삶과 죽음에 대해 생각한다.

사람보다 짧은 생을 사는 버디를 통해

아이들은 생명의 전 과정을 경험하게 된다.

동물동반 교육 프로그램 중에서 아이들을 사로잡은 대목은 버디가 새끼를 낳고 기르는 과정을 지켜보는 것이다. 개들은 한 살이 지나면서부터 월경 사이클이 시작되는데, 이 무렵의 개들은 예민해지기 때문에 바깥 활동을 자제시키는 것이 일반적이다. 하지만 성 마거릿 초등학교에서는 버디의 임신과 출산을 생명교육을 할 수 있는 기회라고 생각해 버디를 계속 학교에 다니도록 했다. 버디는 2006년과 2009년에 두 번 임신했다. 2009년 6월에 버디는 요시다 선생님 집에서 새끼 네 마리를 낳았다. 그중 하나가 링크다.

요시다 선생님은 강아지들을 곧바로 학교로 데리고 왔다. 아이들은 일주일에 한 번씩 요시다 선생님 수업을 듣는데, 그때마다 아이들은 버디와 새끼들을 관찰하면서 흥미로운 시간을 보냈다. 강아지들은 일주일 사이에 두 배 크기로 성장한다. 그 성장을 전교생이 함께 돌보면서 지켜보았다. 매번 강아지들의 몸무게를 체크하고 생명이 실제로 자라는 것을 아이들 모두 경험할 수 있었던 것이다. 생명이 태어나 자라는 것을 지켜보는 것은 신기한 경험이지만 그 생명을 키우는 것은 말처럼 쉽지 않다. 성 마거릿 초등학교의 아이들은 버디와 강아지들을 돌보면서 생명을 키우는 수고와 헌신을 배운다. 요시다 선생님은 아이들이 생명의 경이로움을 느끼고, 약한 생명을 보살펴 주는 일의 수고로움을 깨닫는 것이 아이들에게 얼마나 가치 있는 경험인지 설명해 주었다.

"막 태어난 강아지는 통통하고 귀여워요. 모두 만지고 싶고 돌봐 주고 싶어 해요. 굉장히 인기가 있지요. 하지만 실제로 강아지들을 키워 보면 방 전체에서 엄청난 냄새가 나죠. 청소를 해야 하고 몇 시간마다 우유를 먹여야 해요. 아이들이 원해서 시작한 일이지만 생각보다 힘들어서 놀라기도 해요. 마지막에 작문을 하게 했더니 '나도 아기 때 그랬을 거다. 버디를 보면서 엄마가 힘들겠다는 생각이 들었다'고 쓴 아이들이 많았어요."

아이들은 버디와 강아지들을 통해 생명의 신비와 기쁨, 생명을 키우는 수고와 헌신을 배운다. 사랑하는 것은 '책임지는 것'이라는 사실도 배운다. 또 생명은 시작이 있으면 끝도 있다. 버디를 통해서 삶과 죽음에 대해 생각하는 교육도 할 수 있다. 나카무라 구니스케 성마거릿 여학교 재단 이사장은 동물동반 교육의 가장 큰 효과를 '생명'을 느끼고 생각해 볼 수 있는 점으로 꼽는다. 사람보다 짧은 일생을 사는 버디를 통해, 아이들은 생명의 전 과정을 경험할 수 있다.

"아이들이 직접 생명을 느끼고, 이를 돌보는 역할의 중요성을 깨닫게 하는 데 버디가 큰 역할을 하고 있어요. 버디의 배가 부르고, 새로운 생명을 낳는 일련의 흐름을 지켜보면서 생명이 탄생하고 흘러간다는 것을 알게 되지요. 언젠가는 시간이 흘러 버디가 생명을 다

하는 날이 올 거고 아이들은 그 순간에도 함께 할 겁니다."

버디가 학교에 등교하면서 아이들에게 많은 변화가 있었다. 그중 하나가 '학교는 즐거운 곳'이라는 생각이 널리 퍼진 것이다. 2학년인 아이가 쓴 일기다.

'오늘 나는 엄마, 동생과 함께 학교 홈페이지를 봤어요. 동생이 버디를 보고 싶어 해서요. 버디를 보다가 제가 그린 그림과 시가 있는 걸 발견하고 놀랐어요. 밤에 아빠가 그걸 프린트해서 걸어 놨어요. 볼 때마다 그림을 더 잘 그리고 싶고 버디를 더 사랑해 주고 싶다는 생각이 들어요. 다음에는 버디랑 강아지들까지 다 그려서 선물로 줄래요."

많은 아이들이 '버디 때문에 학교가 즐겁다, 버디 때문에 학교에 가고 싶다, 버디가 있는 활동에 나도 참여하고 싶다'고 말한다. 학생 개 버디는 많은 아이들에게 즐거움과 의욕을 불러일으키고 있다. 버디는 학생의 일원이기 때문에 특별활동에도 참여한다. 운동회, 학예회, 양로원 방문, 크리스마스 파티 등에 적극적으로 참여한다. 가루이자와에서 여름 캠프가 열렸을 때의 일이다. 4학년 학생 중 한 명이 도쿄와 다른 캠프 분위기 때문에 집에 가고 싶어 했다. 밤이 되자 아이는 천식이 도지기 시작하고 울기 시작했다. 요시다 선생님은 아이를 데리고 버디에게 가서 간식을 주고 함께 공놀이를 했다. 점점 기침과 가라앉기 시작했고 눈물도 흘리지 않았다. 캠프가 진행된 4일

동안 아이는 집이 그리울 때마다 버디와 함께 이겨냈다. 양로원을 방문할 때도 버디의 진가가 그대로 드러난다. 버디 덕분에 분위기가 좋아지고 아이들이 할아버지, 할머니와도 쉽게 가까워진다.

버디가 학교에 오면서 아이들의 그림도 많이 달라졌다. 아이들의 그림에는 버디가 자주 등장한다. 버디와 함께 수업을 듣는 그림, 버디와 함께 양로원에 간 그림, 버디와 산책하는 그림, 이를 날카롭게 드러낸 무서운 개를 그렸던 1학년 아이는 어릴 때 개에게 쫓긴 경험이 있는 아이였다. 그러나 버디를 만나고 나서 아이의 그림은 더욱 부드럽고 따뜻한 채색으로 바뀌었다. 버디가 아이의 마음을 변화시킨 것이다.

동물동반 교육은 선생님의 헌신과 학부모의 관심이 있어야 가능하다. 아이들 교육은 참으로 많은 정성이 필요한 일이다. 씨를 뿌리고, 물을 주고, 지켜봐 주어야 아름다운 꽃을 피울 수 있다. 어른들의 수고와 헌신이 밑거름이 돼야 생명을 느끼고 돌보면서 감성이 풍부한 아이, 사랑이 넘치는 아이로 자랄 수 있다.

버디가 학교에 오면서 아이들의 그림에 버디가 자주 등장한다.

이를 날카롭게 드러낸 무서운 개를 그렸던 1학년 아이는

어릴 때 개에게 쫓긴 경험이 있는 아이였다.

버디를 만나고 나서 아이의 그림은 부드럽고 따뜻한 그림으로 바뀌었다.

버디가 아이의 마음을 변화시킨 것이다.

어느 집에서든 식탁 위의 전쟁은 그냥 지나가지 않는다.

나물을 먹지 않겠다는 아이와 부모의 날카로운 실랑이가 벌어진다.

건강과 올바른 식사 예절, 습관을 가르치기 위한

소리 없는 총성이 식탁 위에서 울리고 있다.

혼자서 밥을 깨끗이 비워내고, 채소를 사랑하며,

부엌일도 혼자서 잘하는 아이로 만들기 위한 내 아이 주도적인 삶 프로젝트

6

밥이 세상에서 제일 맛있는 아이들

먹을거리 교육의 기적,
요시노 어린이집

흘리고 묻혀도 좋아

아이 셋을 키우면서 가장 큰 고민 중에 하나는 '밥'이었다. 어떻게 하면 아이가 밥을 소복소복 맛있게 잘 먹고 살이 통통하게 오를까? 요즘 이런 말을 하면 촌스럽고 무식하다고 할지 몰라도 볼이 미어터질 것 같은 아이를 가져 보는 게 내 꿈이었다. 하지만 아이들은 항상 내 꿈을 무참하게 했다. 밥 먹이기가 너무 힘들었다.

나는 지저분한 걸 보는 게 참 힘들다. 쓸고 닦는 걸 잘 하진 못하면서도 정리정돈이 안 되어 있는 걸 보는 건 힘들어한다. 아이가 밥을 먹을 때 엎지르고 흘리는 게 싫었다. 그래서 깔끔하게 먹여 주는 방식을 선택할 때가 많았다. 내가 먹이고 싶은 반찬을 골라 입에 넣어 주었다. 그런데 이게 생각처럼 쉽지 않다. 아이가 안 먹겠다고 입을 꽉 다물거나 입에 넣어준 걸 뱉어낼 때가 많았다. 그럴 땐 정말 때려 주고 싶었다. 실제로 나도 모르게 꿀밤을 먹이기도 했다. 그럼 아이는 울음을 터뜨리고 식사시간은 아이도 나도 화가 나서 끝나는 경우가 많았다.

그리고 또 하나! 항상 시간이 문제였다. 일하는 엄마인 나는 늘 시간이 없었다. 아이가 음식 갖고 장난을 치고, 먹는 것보다 흘리는 게 많고, 세월아 네월아 하면서 늑장 부리는 걸 봐 줄 여유가 없었다. 식탁에 앉아 20분 안에 깨끗하게 그릇을 비우는 아이, 그게 내가 바라는 아이였다. 하지만 세상에 그런 아이가 있을까? 그런데 그런 아이들이 있다. 일본 요시노 어린이집에 있는 아이들은 심지어 모두 그렇다.

요시노 어린이집은 일본열도 중 한국에 가장 가까운 섬 큐슈 남동쪽에 위치한 미야자키 현 미야자키 시에 있다. 시내에서 30분 정도 차를 타고 가야하는 곳에 있는 겉보기엔 평범한 시골 사립 어린이집이다. 시골 어린이집답게 뒤로는 산이 병풍처럼 둘러 있고 앞에는 논이 널리 펼쳐져 있다. 어린이집 건물은 널찍한 터에 채광과 통풍에 신경을 써서 지은 티가 났다. 처음 지을 때부터 지금의 모습을 갖춘 건 아니었다고 한다. 조금씩 조금씩 터를 넓혀서 건물터보다 더 큰 마당을 갖게 되었다. 10월 말인데도 마당으로 향한 문들을 모두

활짝 열어 놓고 살고 있었다. 춥지도 않은지……

0세부터 5세 사이의 원아가 156명. 그 중 12명은 장애를 가진 아이이다. 0세 아이들은 10시 30분부터 점심 식사를 시작한다. 사전에 촬영 내용과 시간을 협의하는데, 10시 30분에 점심 식사를 시작한다고 해서 통역에 오류가 있는 건 아닌가 했다. 그렇게 일찍 먹이기 시작하는 이유가 뭘까? 어린 아기들이라 이유 간격이 짧은 이유도 있지만 먹는데 시간이 오래 걸리는 이유도 있었다. '20분 안에 빨리!'가 아니라 '1시간 30분 간 느긋하게!'였다.

이유식 내용물도 좀 특별했다. 분말 이유가루를 개서 주는 것도 아니었고 통조림 이유식도 아니었다. 더군다나 종류도 무려 6가지! 오이, 당근, 우엉, 고구마, 단호박, 양파를 길쭉한 막대 모양으로 썰어 푹 삶아 목기 접시에 1인분 씩 담아 내왔다. 한두 가지 재료로 이유식을 만드는 것도 버거웠던 걸 생각하면 그리고 가정집도 아니고 어린이집이라는 걸 생각하면 대단한 일이 아닐 수 없다. 그리고 으깨거나 갈아서 만들지 않고 덩어리째 삶는 것도 남달랐다.

더 놀라운 건 절대 먹여 주지 않는다는 점이다. 돌쟁이부터 6개월 된 아기까지 모두 자기 그릇에서 '스스로' 집어서 '스스로' 먹었다. 물론 얼굴이며, 머리며, 옷에 묻혀 가면서. '아유, 지저분하게 저게 뭐야? 저걸 계속 찍어야해, 말아야해' 하는 눈으로 쳐다보는 걸 느꼈는지 부원장님이 한 말씀 하신다. "어른이 먹여 주면 안 되고 스스로

요시노 어린이집의 이유식은 좀 특별하다.

오이, 당근, 우엉, 고구마, 단호박, 양파 등을

길쭉한 막대 모양으로 썰어 푹 삶아 목기 그릇에 담아낸다.

아기들은 스스로 음식을 먹는다.

오감을 느끼면서 손가락 다섯 개로 확실하게 잡고 먹는다.

손으로 잡고 먹어야 해요. 그래서 덩어리 식재료로 잡기 편한 모양으로 만들어서 주는 거예요. 오감을 느끼면서 손가락 다섯 개로 확실하게 잡고 먹는 것이 중요해요. 신경이 통하는 다섯 손가락으로 확실하게 잡고 먹을 수 있도록 아이들에게 음식을 주고 있어요." 아, 아무 생각 없이 하는 게 아니었구나!

도쿄대 첨단과학기술연구센터 객원교수인 고이즈미 히데아키에 따르면, 자기 의지로 씹어 먹는다는 건 굉장히 중요하다. 진화의 과정에서 보면 칠성장어 같은 원구류는 턱이 없어서 작은 플랑크톤이나 미생물을 들이마시면서 살다가 턱이 생기면서 어류로 발달한다. 턱이 있느냐 없느냐가 원구류냐 어류냐를 결정하는 기준이 된다. 턱이 생겼다는 것은 진화에서 굉장히 중요한 의미를 갖는다. 그리고 인간도 어렸을 때부터 자기 의지로 확실하게 씹어 먹는 것이 매우 중요하다.

0세부터 이렇게 스스로 집어서 스스로 씹어 먹은 아기들이 1~2세가 되면 식탁에 앉아 누가 말하지 않아도 밥 한 톨 남기지 않고 깨끗하게 그릇을 비우게 된다. 식사시간에 음식 갖고 장난치지도 않고, 흘리지도 않고, 세월아 네월아 하지도 않는다. 게다가 아기 때부터 집어 먹어서 그런지 2세만 되어도 젓가락질이 능수능란하다. 밥도 나물도 젓가락으로 척척 집어 먹는다. 그야말로 내가 꿈꾸는 아이가

요시노 아이들은 두 살만 돼도 젓가락질이 능수능란하다.

밥과 나물도 젓가락으로 척척 집어먹는다.

아이가 밥을 잘 먹길 바란다면

아이 스스로 흘리고 묻히면서 1시간 30분씩 밥을 먹는 것을

지켜봐 줄 수 있는 인내심이 필요하다.

되는 것이다.

진심으로 아이가 밥 잘 먹길 바란다면 흘리고 묻히면서 1시간 30분씩 먹는 걸 봐 줄 수 있는 인내심이 필요했던 것이다!

분홍색 밥이 좋아요

요시노 어린이집의 식사 시간은 놀라움의 연속이다. 주방에서 음식을 준비해 배식구에 놔 두면 10시 반이면 돌 전 아이부터 시작해서 30분 간격으로 나이순으로 식사를 한다. 10월 말인데도 아이들은 야외 에서 식사를 한다. 3세까지는 선생님들이 돕지만 4세부터는 아이들 스스로 당번을 정해 식탁을 정리하고 음식을 날라 온다.

한 곳에 밥, 국, 반찬을 놔두면 아이들이 순서대로 자기가 먹을 만큼 덜어 먹는다. 물론 음식을 먹지 않겠다는 아이는 한 명도 없고, 음식을 쏟고 엎지르는 아이도 찾아볼 수 없다.

일본 사람들이 1즙 3채를 기본으로 하는 것처럼 밥과 국, 세 가지

요시노 어린이집 주방에서 만드는 핑크색 밥.

돌쟁이 아이들은 현미를 소화하기가 어렵기 때문에

백미와 흑미, 고구마와 톳을 넣어 만들고,

2세 이상 아이가 먹을 밥은 백미 양을 줄이고 현미를 넣는다.

여기에 우엉이나 고구마, 토란, 감자, 무 등을 넣고

마지막으로 매실 장아찌를 찢어서 넣고 골고루 섞어서 푼다.

아이들이 세상에서 가장 맛있다는 밥이 완성된다.

반찬으로 식단을 차리는 건 어린이집도 마찬가지다. 밥과 된장국, 숙주나물 무침, 다시마 양배추 샐러드, 두부와 생선살을 섞어 튀긴 완자 같은 것들을 함께 먹는다. 아이들이 좋아하는 햄이나 고기반찬은 없지만 아이들 모두 밥을 꾹꾹 눌러 담고 된장국을 한 그릇 가득 담는다. 서너 살 아이들이 어른인 나보다 더 밥을 많이 먹는다.

"맛있니?"

"네."

"뭐가 제일 맛있어?"

"밥, 밥이요, 밥이요."

여기저기서 밥이 제일 맛있단다.

"집에서 먹는 밥과 뭐가 다른데?"

"밥이 분홍색이에요."

아이들은 대부분 잡곡밥이라면 질색한다. 도대체 어떻게 밥을 짓기에 아이들이 맛있다고 난리일까? 주방에서 밥을 짓는 광경을 보고 있자면 절로 감탄사가 나온다.

주방에서는 돌쟁이 아이들이 먹을 밥과 2세 이상 아이들이 먹을 밥을 따로 만든다. 돌쟁이 아이들은 현미를 소화하기가 어렵기 때문에 백미와 흑미, 고구마와 톳을 넣어 만든다. 2세 이상 아이가 먹을 밥은 백미 양을 줄이고 대신 현미를 주로 넣는다. 현미는 모두 알고 있듯이 벼의 껍질만 깐 것이라 쌀눈이 남아 있다. 이 쌀눈에 우리 몸이 필요로 하는 비타민, 미네랄, 철, 마그네슘, 칼슘, 아연 같은 영양소가 풍부하게 들어 있다. 흑미는 현미의 쌀눈 부분에 안토시아닌(Anthocyanin)이라는 색소가 포함돼 있는 쌀이다. 안토시아닌은 혈관을 보호해 동맥경화를 예방하는 기능과 노화와 발암을 억제하는 항산화 기능이 있다.

현미와 흑미 외에 제철 뿌리채소를 밥에 넣는데 우엉이나 고구마, 토란, 감자, 무 등을 그때그때 상황에 따라 사용한다. 제철에 나는 뿌리채소는 섬유질과 철분이 풍부하고 항산화 기능이 있다. 특이하게도 요시노 유치원의 주방에서는 해조류인 톳을 30분간 물에 불렸다가 밥을 짓는데, 톳에 들어 있는 칼슘과 철분이 성장기 아이들에게 특히 좋기 때문이다. 톳에는 칼슘이 우유의 13배, 철분이 우유의 550배가 들어 있어 우유 알레르기가 있어 우유를 마실 수 없는 아이들에게 특히 좋다.

마지막으로 밥을 푸기 직전에 매실 장아찌를 밥 위에 찢어서 넣고 골고루 섞어서 푼다. 그 광경을 보니 일본 도시락 밥 위에 매실 장아찌가 하나씩 올라와 있는 것이 생각났다. 매실에는 살균, 소화 효능이 있어서 밥과 함께 먹는다고 한다. 백미, 현미, 흑미, 고구마, 톳, 매실을 넣어 지은 밥은 한눈에도 영양이 듬뿍한 잡곡밥이다. 흑미와 다양한 잡곡에서 색이 우러나와 아이들 말대로 예쁜 핑크색 밥이 된 것이다. 너무 많은 재료를 밥에 섞는 것은 아닌지 원장 선생님께 물으니 밥이 제일 중요하기 때문이라고 말한다.

"식사에서 밥이 차지하는 비중이 반 이상이고 밥만 제대로 먹여도 아이들 건강은 쉽게 챙길 수 있어요."

아이들을 건강하게 키우려면 좋은 것을 먹여야 한다는 생각으로 마음먹고 건강 요리를 시도했다가 며칠도 못 가서 실패한 경험이 많은 나로서는 요시오 유치원의 밥 만들기 레시피가 너무 탐이 났다. 아무리 가족을 위해 건강 식단을 짜도 막상 시도해 보면 유기농 식재료를 골라 사는 것도 힘들고, 먹지 말아야 할 것들은 너무 많고, 아이들이 먹을 수 있도록 요리하는 것은 천국의 계단을 오르는 것만큼이나 어려운 일이다. 그런 것들 중 어느 것이 어긋나게 되면 결국 더 이상 못하겠다고 손을 든다. 생각해 보면 이런 시행착오는 모든 것을 한꺼번에 바꾸겠다는 성급함이 불러 온 결과다. 가장 먼저 밥부터 다르게 지어 보자. 밥만 바꾸어도 반 이상 성공이라는 원장 선생님의 말에 솔깃해졌다.

요시노 어린이집의 밥맛이 좋은 이유는 밥솥에 있었다. 원장 선생님의 밥솥 사랑은 끝이 없다. 가정집에서는 흔히 사용하는 압력솥을 써도 되지만 요시노 어린이집은 160인분의 밥을 지어야 하니 사정이 일반 가정과는 다르다. 일단 화력도 좋아야 하고 솥도 좋아야 한다. 원장 선생님은 가마솥처럼 바닥이 두꺼운 솥을 열심히 찾아다녔다고 한다. 그렇게 다리품을 팔아 지금 사용하고 있는 솥을 발견했는데 뚜껑과 본체를 여덟 군데나 조이게 돼 있는 압력솥이다.

　촬영하는 동안 취재진들도 요시노 어린이집 아이들과 똑같이 급식으로 끼니를 해결했다. 반찬도 맛있고 좋았지만 화려한 밥맛에 관심이 가는 건 어쩔 수 없었다. 현미가 많이 들어갔는데도 입 안이 껄끄럽거나 따로 놀지 않고 밥 표면에 윤기가 자르르 돌았다. 비결은 찹쌀 현미를 사용하고 1시간 정도 불렸다가 밥을 짓는 것이라고 한다. 어린이집의 밥이 특별히 맛있는 이유는 이것저것 아이의 영양 균형을 생각하고 정성을 가득 담아 요리를 하기 때문이다. 가장 좋은 밥맛을 낼 수 있는 밥솥에 건강에 좋은 갖가지 재료들을 골라 미리 불리고 정성을 다해 밥을 지으니까 아이들이 그토록 좋아하는 것이다. 어디 아이들뿐인가! 한국으로 돌아온 취재진들은 점심시간만 되면 요시오 유치원에서 먹었던 영양밥에 대한 향수에 빠지곤 했다.

패스트푸드 말고 된장국이 먹고 싶어요

요시노 어린이집에서 밥만큼이나 중요하게 생각하는 것이 된장국이다. 아이들은 된장국을 거의 매일 먹는다. 아이들의 식사에서 된장국이 차지하는 비중이 크니 된장에 정성을 들이는 건 당연한 일이다. 원장 선생님은 취재진에게 된장을 보여 주겠다며 완전 무장을 하고 나타났다. 머리 수건에 앞치마, 위생장갑을 끼고 가지고 온 세정제를 나무주걱에 뿌린 후에 된장 통을 열었다. 보통 항아리를 사용하지 않고 플라스틱 진공 통에 비닐을 깔고 된장을 담아 보관한다. 한국식 된장보다 더 검은 빛을 띠고 있는 윗부분은 걷어서 오이나 생강, 무 등을 재우는 데 쓰고 아래 부분을 된장국 끓이는 데 쓴다.

요시노 어린이집은 매년 지역 공공시설을 빌려 아이들과 학부모들과 함께 1년 동안 먹을 된장을 담근다. 그 양이 자그마치 500~600킬로그램이나 된다니 대단하다. 된장은 담근 지 1년이 지나야 꺼내 먹을 수 있다. 500~600킬로그램의 된장 중 400킬로그램은 어린이집에서 대부분 소화하고 나머지는 아이들이 졸업할 때 된장을 모두에게 골고루 나눠 준다. 원아가 156명인 어린이집에서 1년에 400킬로그램의 된장을 먹는다는 것은 아이 일인당 약 2.5킬로그램의 된장을 먹는다는 뜻이다. 우리 가족 5명이 1년에 약 5킬로그램의 된장을 먹는 것을 생각하면, 더군다나 어린이집에서 아이들은 하루에 한 끼만 식사한다는 것을 감안하면 상당한 양이다.

된장 통을 보관하는 지하창고도 조금 특이하다. 천장이 낮아 오리걸음으로 가야 하는데 그 위는 아이들 방이다. 건물의 지하실은 된장 보관실로 이용하고 위쪽은 아이들 방으로 활용하는 등 공간 활용에 여러모로 신경 썼지만 기능적으로 설계해 바람도 잘 통하고 1년 내내 일정한 온도를 유지할 수 있어 된장 숙성에 최적의 장소다. 그곳에는 50킬로그램의 된장 통이 15~16개가 있었다.

된장국은 멸치국물에 된장을 풀고 무, 토란, 버섯, 당근, 단호박, 무청, 파를 넣어 끓인다. 지금껏 취재진이 봐온 급식 된장국 중에서 가장 내용이 충실한 된장국이었다. 재료를 이렇게 많이 넣는 이유를

요시노 어린이집은 매년 아이들과 학부모들과 함께

1년 동안 먹을 된장을 담근다.

그 양이 자그마치 500~600킬로그램에 달한다.

된장은 담근 지 1년이 지나야 꺼내 먹을 수 있으며

이 중 400킬로그램은 어린이집에서 소화하고

나머지는 졸업하는 아이들에게 나눠 준다.

물어보니 아이들이 수확한 토란, 무, 무청, 단호박 등을 넣다 보니 가
짓수가 많아지게 됐다는 설명이다. 신선하고 다양한 재료를 많이 넣
어서 된장국을 끓이니 아이들은 맛있다며 1년에 400킬로그램이나
되는 된장을 거뜬히 먹어치우고 있다.

잔칫상 같은 점심 식사

바쁜 아침 시간에 아이들 식사 준비를 할라치면 참 어렵고 힘들다. 전날 밤에 미리 아침 식사 때 먹을 것들을 준비해 놓아도 아이들이 잘 먹어 주지 않는 탓도 있고, 영양을 골고루 섭취할 수 있도록 해 주고 싶지만 요리 실력이 부족한 것도 큰 이유였다. 출근에 바빠 국이나 찌개 하나, 반찬 한 가지 정도를 급히 만들어서 식탁을 차려 놓고 보면 또 아이들에게 미안하다. 그렇게 먹여서는 아이들이 균형 잡힌 성장은커녕 영양실조가 생기지는 않을까 하고 속으로 걱정한다. 5대 영양소 중 부족한 것이 무엇인지 생각해서 우유나 치즈 같은 걸로 채워 주기는 하지만 여전히 불안한 건 사실이다.

요시노 어린이집을 취재하면서 이런 고민에 대한 해법을 어느 정도 찾을 수 있었다. 바쁘고 요리 실력 없는 엄마라면 누구나 쉽게 할 수 있는 방법이라 더욱 구미가 당겼다.

일본 사람들은 식탁 가득 음식을 차려서 먹지 않는다. 균형 잡힌 식단이지만 특별한 날이 아니고는 세 가지를 잘 넘기지 않는다. ‘1즙 3채’ 즉 국 하나와 반찬 세 가지가 가정에서든 급식에서든 일본인들의 기본 식단이다.

요시노 어린이집에서는 점심을 어떻게 만드는지 촬영하려고 주방에 들어갔다가 깜짝 놀랐다. 그 날 메뉴는 된장국, 다시마 양배추 샐러드, 숙주나물 무침, 두부 완자였다. 이걸 만드는 데 식재료가 몇 가지나 필요할까? 된장국에 호박, 감자, 양파. 샐러드에 다시마와 양배추. 나물 무침에 숙주. 두부 완자에 두부, 당근, 양파 정도. 식재료를 모두 합해도 아홉 내지 열 가지 정도가 다 아닐까?

그런데 이 어린이집에서는 탁자 가득히 재료를 펼쳐 놓았는데 무슨 잔칫상 준비 재료 같다. 된장국에 무, 토란, 버섯, 당근, 파, 단호박, 무청, 멸치(8가지). 샐러드에 다시마와 양배추(2가지). 숙주나물 무침에 숙주, 당근, 오이, 잔멸치, 깨(5가지). 두부 완자에 두부, 마, 참치, 계란, 옥수수, 당근, 양파(7가지). 자그마치 총 22가지 재료가 들어간다!

아이들 먹을거리에 신경을 쓰는 어린이집이니까 좋은 재료를 쓸 거라고는 생각했다. 하지만 22가지의 재료를 써서 국과 3가지 반찬

요시노 어린이집 아이들은 잔칫상처럼 점심식사를 한다.

된장국에 무, 토란, 버섯, 당근, 파, 단호박, 무청, 멸치를

샐러드에는 다시마와 양배추를

숙주나물 무침에 숙주, 당근, 오이, 잔멸치, 깨를

두부 완자에 두부, 마, 참치, 계란, 옥수수, 당근, 양파 등

총 22가지의 재료가 들어간다.

을 만들 거라고는 생각하지 못했다. 일본 어린이집의 메뉴 선정은 지역 교육청에서 한다. 그러니까 같은 지역에 사는 아이들은 같은 식단의 식사를 하게 된다. 하지만 그 메뉴 안에 들어가는 재료의 질과 가짓수는 어린이집마다 다르다.

요시노 어린이집은 생태교육을 표방하는 곳이다. 이 어린이집에서 자주 들었던 단어가 '식육(食育, 먹을거리 교육)'이다. 모범적인 생태 유아 교육기관으로 유명한 무나카타 시 제2아카마 어린이집이나 벳부 시 조스이 어린이집 관계자들도 주요 교육 프로그램으로 '식육'을 강조한다.

요시노 어린이집의 원장은 "식육, 즉 먹을거리 교육이란 국민 한 사람 한 사람이 평생 건강하게 살 수 있도록 좋은 식습관, 좋은 식품을 선택하는 판단력을 길러주는 교육"이라고 한다. 식습관은 어릴 적에 한 번 형성되면 잘 바뀌지 않고 건강에도 절대적인 영향을 끼치기 때문에 영유아 시절, 먹을거리 교육을 제대로 하는 것이 중요하다. 요시노 어린이집의 선생님들은 먹을거리 교육이 제대로 되지 않으면 평생 건강에 악영향을 주고 국민 전체 건강을 저하시킨다는 점까지 염두에 두고 있었다. 이러하니 건강하고 풍부한 재료로 만든 식사를 공급하는 것을 매우 중요한 일로 생각하고 최선을 다하는 거다.

수강료가 월 200만 원인 강남의 한 영어유치원에서 유통기한이 한

참 지난 곰팡이 핀 식재료로 아이들에게 급식을 해서 엄마들의 분노
를 자아낸 적이 있다. 한 번 그런 급식을 한 게 아니라 6개월간이나
지속되었고 아이들이 늘 복통을 호소했다고 한다. 먹을거리 교육에
대한 철학을 갖고 아이들 급식에 최선을 다하는 요시노 어린이집 선
생님 같은 그런 선생님들을 갖고 싶다.

반찬은 3가지밖에 없지만 잔칫상 같은 급식을 하는 요시노 어린
이집을 촬영하고 나서 우리 아이들 식단을 더 자주 꼼꼼히 살펴보는
습관이 생겼다. 중학생 보리네 식단, 초등학생 규리네 식단, 유치원
생 아리네 식단. 저녁에 막내를 데리러 유치원에 가면 현관에 공개
되어 있는 그날의 샘플 메뉴를 유심히 살펴본다. 콩나물국에 콩나물
외에 뭐가 더 들어 있는지, 두부조림에 두부 외에 뭐가 더 들어 있는
지. 그리고 아이들에게 자주 물어본다. "오늘 뭐 먹었어? 재료가 뭐
였어? 맛있었어?"

그리고 나도 식사를 준비할 때 많이 수월해졌다. 반찬 가짓수는 늘
어나지 않았지만 재료는 많이 풍요로워졌다. 고등어조림을 하면 고
등어, 무, 양파, 당근, 호박 등을 넣고 된장국을 끓여도 냉장고에 있는
여러 가지 채소를 쓴다. 그러고 나니 실재로 빠진 영양소 없이 균형
잡힌 식탁이 되었고 내 마음도 많이 편해졌다. 무조건 재료가 많다
고 좋은 것이냐고? 그래도 정성은 표가 날 것 같다. 아이들이 건강해
지면 그것이 가장 확실한 결과가 아닐까 한다.

채소와 친해지는 노래

아이들은 고기 종류는 좋아하지만 대부분 채소를 싫어한다. 하다 못해 카레를 해도 돼지고기는 잘 먹지만 나머지 채소들은 이리저리 굴리다가 결국 접시에 그대로 남긴다. 채소를 좀 먹여 보려고 아주 잘게 썰어서 요리하기도 하고, 달래다가 윽박지르기도 하지만 결과는 신통치 않다. 해도 해도 잘 안 되니 요즘은 '좀 크면 먹겠지' 하고 이 문제에서 벗어나고 싶은 마음이 간절하다.

요시노 어린이집의 아이들은 채소를 잘 먹는다. 신기하게도 취나물, 숙주나물, 다시마, 양배추, 당근, 단호박, 토란, 고구마 등이 모두 나오기 무섭게 싹싹 비운다. 아이들은 정기적으로 고구마를 캐러

간다. 생태 교육을 표방하는 어린이집이 아니더라도 1년에 한 번 고구마 캐기 체험활동은 어느 어린이집이나 다 하는 일이고 텔레비전에도 자주 소개된지라 별다를 건 없을 것 같았다. 그러나 어린이집 버스에 올라타고 보니 아이들처럼 나도 마음이 들떴다. 노래 때문이었다.

선생님 : 중간 크기의 밭에 중간 크기의 씨를 뿌렸습니다.

　　　　쑥쑥 자라서 가을이 되어서 맛있는 고구마가 열렸습니다.

　　　　와~ 고구마를 많이 캐서 군고구마를 만들어서 먹자.

아이들 : 우리들은 산 아이들! 장애는 아무것도 없어.

　　　　힘을 합치면 마음은 하나.

　　　　모두가 장작불 영차영차!

　　　　깜깜한 밤이라도 마을 전체에, 한밤중에도 마을 전체에

　　　　밝은 빛이 빛나도록 마을 전체에

　　　　밝은 빛이 빛나도록 영차영차!

선생님 : 장작을 많이 모았어요. 고구마도 많이 캤으니까

　　　　자, 따끈따끈한 군고구마를 만들자.

아이들 : 군고구마 군고구마 배가 불룩,

　　　　따끈따끈 뜨거워,

　　　　군고구마 군고구마 가위, 바위, 보!

고구마를 캐러 가는 버스 안에서 선생님은

채소에 대한 노래로 분위기를 한껏 돋운다.

아이들은 노래를 부르면서

어느새 고구마와 땅콩, 배와 무, 호박과 친해진다.

그 채소가 식사로 나오면 맛있게 먹지 않을 도리가 없다.

고구마를 캐러 가는 버스 안에서 선생님은 노래로 아이들의 분위기를 한껏 돋운다. 아이들은 선생님을 따라 노래 속에서 고구마 씨를 뿌리고, 장작을 모으고, 군고구마를 만든다. 노래는 듣고만 있어도 흥이 절로 나고 달콤한 고구마 맛이 연상돼 나도 모르게 군침이 돈다. 참으로 세심한 가르침이 아닐 수 없다. 이토록 정성스러운 교육에 감동받지 않을 사람이 없을 것이다. 요시노 어린이집 아이들은 먹는 것과 관련된 노래를 많이 부른다. 노래를 부르면서 아이들은 어느새 고구마와 땅콩과 배와 무와 호박과 친해진다. 그 채소가 점심 식사로 나오면 맛있게 먹지 않을 도리가 없다.

즐겁게 노래를 부르다 보면 버스는 어느새 어린이집에서 20분 거리에 있는 밭에 도착한다. 밭은 1,200평 규모로 꽤 큰 편이다. 밭의 일부는 어린이집 소유이고 나머지는 임대한 것이란다. 시기에 따라 완두콩, 양파, 토마토, 아욱, 호박, 감자, 고구마, 토란, 무, 깨, 파, 청경채, 고추, 메밀 등을 심고 거둔다. 물론 밭에서 거둔 채소들은 아이들의 급식 재료가 된다. 지금은 일 년 동안 어린이집에서 사용하는 재료 중 전체의 10퍼센트 정도만 공급하고 있지만 그 비율을 조금씩 늘려 가고 있다고 한다.

아이들도 일주일에 한 번씩 밭에 와서 씨를 뿌리고 벌레를 잡는다. 정성스럽게 채소를 키우고 돌본다. 채소를 싫어하는 아이들도 자신

아이들은 일주일에 한 번씩 밭에 와서 씨를 뿌리고 벌레를 잡는다.

정성스럽게 채소를 키우고 돌본다.

채소를 싫어하는 아이들도 자신이 정성껏 키우고 돌본 채소는 잘 먹는다.

고구마를 캐고, 무를 뽑고, 호박을 딴 아이들은

신나게 떠들며 채소에 대해 아는 척한다.

이 정성껏 키우고 돌본 채소는 잘 먹는다. 고구마를 캐고, 무를 뽑고, 호박을 딴 아이들은 "카레 만들어 먹으면 좋겠다!", "된장국 끓여 먹으면 좋겠다!", "밥에 넣어 먹으면 좋겠다!"며 무슨 요리사라도 된 양 신나게 떠들며 채소에 대해 아는 척한다.

채소를 먹지 않는 아이들을 위한 또 다른 비법은 급식 순서를 조절하는 것이다. 밥과 국, 반찬 세 가지를 한꺼번에 주지 않는다. 아이에게 맨 처음으로 나물과 샐러드를 준다. 그 다음 밥과 국, 마지막에 메인 요리, 즉 고기완자 튀김이나 연어구이 등을 준다. 가벼운 채소를 먼저 먹게 해 소화를 도우려는 이유도 있지만 배가 고플 때 채소를 주면 아이들이 잘 먹기 때문이다. 이 얘기를 듣고 다시 한 번 감탄했다. 세심하게 신경 쓰는구나! 아이들이 저절로 채소를 잘 먹는 게 아니구나!

우리 아이들에게 채소 먹이는 일! 좀 더 머리를 써서, 좀 더 마음을 써서 다시 한 번 도전해 봐야겠다.

아줌마는 왜 추워요?

　10월 말에 취재진들은 일본 미야자키 현에 머물고 있었다. 마침 태풍 메기가 일본 오키나와에 상륙해 미야자키 현에도 먹구름이 끼고 바람이 불어 날씨가 심상치 않았다. 태풍이 오면 촬영을 할 수 없는 상황이 올 수도 있어서 내심 걱정하고 있었다. 비행기 일정을 늦춰야 하는 것은 아닌지 미야자키 공항에서는 한국으로 가는 비행편이 일주일에 세 번밖에 없어서 며칠을 무작정 기다리게 될 수도 있었다. 이런저런 걱정을 하며 아침에 호텔에서 촬영갈 준비를 했다. 한국에서 가져온 옷 중에서 보온이 될 만한 것은 모두 꺼내 겹쳐 입었다. 티셔츠 두 개를 챙겨 입고 그 위에 카디건을 껴입고 가장 두꺼운 재킷을 입고 숄까지 둘렀다.

바람이 제법 세차게 부는데도 어린이집에 도착해 보니 아이들이 모두 반팔에 반바지 차림으로 양말도 신지 않고 뛰어다니고 있었다. 선생님들도 마찬가지다. 일본 아이들이 한겨울에도 반바지, 치마에 반양말 신고 등교하는 게 한국에서 화제가 되기도 했었다. 일본이 한국보다 기온이 약간 높기도 하지만 일본 사람들은 차가운 공간에 사는 데 익숙해 있다. 절대 과하게 난방하지 않는다. 가정집도 어린이집도 모두 마찬가지다. 그렇다고 해도 요시노 어린이집 아이들은 유난히 추위를 타지 않았다. 내가 옷을 잔뜩 껴입고 어린이집에 들어서자마자 아이들이 내 주위로 모여들어 걱정스러운 얼굴로 묻는다.

"아줌마, 추워요?"

"감기 걸렸어요?"

옆으로 와서 손을 만지고 안색을 살핀다.

"감기는 안 걸렸는데 추워. 너희들은 안 춥니?"

모두들 고개를 절레절레 흔들며 춥지 않단다. 나는 좀 지나치게 아이들의 체온 조절에 신경을 많이 쓰는 편이다. 늘 아이들이 감기 걸릴까 봐 노심초사한다. 둘째딸은 코가 좋지 않아서 감기에 걸렸다 하면 비염으로 넘어가고 오랫동안 고생한다. 막내딸은 생후 6개월쯤에 감기를 두 달간 달고 있었다. 추운 겨울이었는데 거의 매일 아침 아이를 업고 코트를 뒤집어씌워 병원으로 가는 것이 너무 고달팠다. 왜 그리 감기가 낫지 않는지 속상하기도 했다. 아무튼 그때 이후

요시노 어린이집에도 콧물을 흘리고 있는 아이들이 많다.

그러나 아이들은 모두 반팔에 반바지 차림으로 잘 뛰어논다.

아이들이 콧물을 흘리는 것은 몸이 기온에 적응하는 과정이다.

어지간한 바이러스는 충분히 이겨내기 때문에

쉬는 게 낫겠다고 판단하기 전까지는 아이들을 그냥 뛰어놀게 한다.

로 누가 콧물을 조금만 흘려도, 약간의 열만 있어도 나는 곧바로 긴장 태세가 된다.

요시노 어린이집에도 콧물을 흘리고 있는 아이들이 많다. 그러나 아이들도 모두 반팔에 반바지 차림으로 잘 뛰어논다. 아이들이 콧물을 흘리는 모습이 자꾸 신경 쓰였다.

"콧물을 흘리는 것은 몸이 기온에 적응하는 과정으로 흔히 있는 일이에요. 아이들이 어지간한 바이러스는 충분히 이겨낼 수 있기 때문에 괜찮아요. 상태가 심각해서 쉬는 게 낫겠다고 판단하기 전까지는 그냥 뛰어놀게 하는 것이 좋아요."

오후에도 비는 내리지 않지만 여전히 먹구름이 낮게 깔리고 바람이 뒤숭숭하게 분다. 그렇게 궂은 날씨에 5세반 아이들이 산책을 간다기에 얼른 따라 나섰다. 아이들의 차림새는 반바지에 반팔 그대로다. 산책이라더니 트레킹을 잘못 말한 건 아닌가 싶을 정도로 가파른 산을 오르기 시작했다. 내심 '미리 얘기나 좀 해 줬으면 따라나서지 않았을 텐데' 하고 원망하며 낑낑 쫓아가는데 자꾸 아이들과 거리가 멀어지고 있었다. 오히려 앞에 가던 아이들이 멈춰 서서 취재진을 기다려 주기도 하고 내가 수월하게 갈 수 있도록 나뭇가지를 잡아 주기도 했다.

어떤 남자아이는 자기가 앞에 갈 테니까 그 길을 따라오라며 넉넉

한 친절을 베푸신다. 아무도 다리가 아프다거나, 힘들다거나, 춥다고 하지 않았다. 취재진들만 녹초가 돼서 아이들 뒤를 따르고 있었다. 차가운 날씨에도 자연의 기운을 그대로 받아들이는 아이들은 하나같이 씩씩하고 건강하고 마음씨도 곱다. 여기 아이들에 비하면 우리 집 세 딸들은 온실 속에서 자라는 나약한 화초에 불과하다. 바람이 불기도 전에 창문을 닫아 버리고, 비가 내리기도 전에 큰 우산을 씌워준 엄마 탓이 크다는 사실을 기꺼이 인정하겠다. 자연과 교감하고 계절을 느끼며 사는 아이들을 보며 다시 부러움과 질투가 공존하는 묘한 감정의 소용돌이를 겪어야 했다.

마른 오징어 간식의 비밀

아기에게 이유식을 시작할 때부터 줄곧 내 관심사는 아이들의 목에 부담을 주지 않게 먹이는 데 쏠려 있었다. 이유식 재료를 믹서에 갈아서 만들었고, 아이가 좀 더 자라서는 시금치 무침도 잘게 잘라 주었다. 질기고 딱딱한 음식은 아예 멀리하고 연하고 부드러운 것들 위주로 아기의 식단을 구성했다. 이렇게 이유식에 예민해진 이유는 응급구조 프로그램에서 이유식을 먹던 아기가 브로콜리가 목에 걸려 큰일 날 뻔했던 장면을 보고 나서부터였다.

그런데 희한하게도 요시노 어린이집에서는 간식으로 마른 오징어가 나온다. 그것도 아이들이 먹기 좋은 크기로 잘라서 내놓는 것도 아니고 어른들 술안주 모양으로 길쭉하게 나온다. 아이들이 하나씩

음식을 씹는 행위는 두정엽에서 측두엽까지 걸쳐 있는 뇌를 자극한다.

나이가 들어 잘 씹지 못하면 뇌를 자극하지 못해

치매 질환이 진행되기 쉽다.

요시노 어린이집은 간식으로 아이들에게 마른 오징어를 준다 .

최근 첨단 뇌 과학계의 이슈로 떠오른 '씹는 힘'을 길러 주기 위해

앞서 가는 행보를 보여 주고 있다.

집어 들고 오만상을 써가며 씹어 먹고 있기에 너무 딱딱한 음식을 먹는 것 아니냐고 물었더니 딱딱하지만 열심히 먹을 거라고 한다. 심지어 마른 오징어가 최고의 인기 간식이란다. 어린아이들의 목에 딱딱한 것이 걸리기라도 하면 혹은 사각턱이 되면 어떻게 할 것인지 엉뚱한 생각을 하기도 했다. 마른 오징어를 아이들에게 간식으로 주는 이유는 채소를 통째 삶아서 아기가 쥐고 먹을 수 있게 하는 것과 같은 이치다. 아이들에게 씹는 힘을 길러 주기 위한 것으로 여기서는 씹는 동작이 매우 중요하다. 어릴 때는 적당히 부드러운 것, 예를 들어 오이, 당근, 단호박 같은 채소부터 시작해서 현미 주먹밥을 거쳐 5세 정도가 되면 마른 오징어를 준다.

선생님들은 아이들이 먹을 때 옆에 앉아 지켜본다. 목에 걸리지 않고 잘 먹는지 살피는 이유도 있고 식사하는 데 시간이 많이 걸리는 아이들이 빨리 먹는 아이들의 속도에 동요되지 않고 끝까지 다 먹을 수 있도록 돌봐야 하기 때문이다.

도쿄 대학교 첨단과학기술연구센터 고이즈미 교수는 어릴 때부터 확실하게 턱을 움직이는 게 과학적인 측면에서 매우 중요하다고 말한다. 씹는 행위는 두정엽에서 측두엽까지 걸쳐 있는 운동야(運動野, Motor Area)라는 부위와 관계가 있다. 운동야의 작동은 굉장히 미세한 감각을 길러주고 뇌를 자극한다는 것이다. 나이가 들어 잘 씹지 못하면 뇌를 자극하지 못해 치매 질환이 진행되기 쉽다는 것이 최근 뇌 과학자들에 의해 밝혀지고 있다.

또 씹을 때는 수의근(隨意筋, Voluntary Muscle)이 움직인다. 이 수의근은 반드시 의도와 의욕이 있어야 작동하고, 의욕 신경회로와 밀접한 관련이 있다. 그래서 고이즈미 교수는 씹는 동작의 중요성을 강조하고 씹는 동작이 들어가는 식생활을 해야 한다고 주장한다.

요시노 어린이집은 아기들 이유식부터 씹는 힘을 기르는데 신경을 쓰며 간식 하나도 그냥 넘어가지 않는다. 일본 열도에서도 끄트머리 미야자키 현. 그 미야자키 현에서도 외곽에 자리 잡고 있는 한 어린이집에서 최근 첨단과학계에서 중요 이슈로 떠오른 '씹는 힘'을 길러 주기 위해 앞서 가는 행보를 보이고 있는 것이다.

사쿠라 사쿠란보 리듬운동

어릴 때 텔레비전 유치원 프로그램에 나오는 체조를 정말 열심히 따라했다. '떼구르르 구르고'라고 노래 부르며 온 방을 굴러다녔다. 초등학생 때는 최소 하루에 한 번은 '국민체조 시작!'이라는 구호에 맞춰 체조를 했다. 고등학교 때는 입시 공부한다고 책상 앞에만 붙어 있는 학생들을 위해 교장 선생님이 점심 식사와 저녁 식사 후에 전교생을 운동장으로 불러내 체조를 시켰다. 우리 아이들은 내가 학창시절에 한 것에 비하면 체조하는 횟수도 적고 신체 활동량도 훨씬 적다. 큰아이와 작은아이는 전교생이 모일 수 있는 운동장이 없으니 실내 체육관에서 반별 체육시간에 신체활동을 한다. 유치원생인 막내딸의 사정은 더 딱하다. 운동장은 고사하고 실내체육관도 없어 놀이터에서 일주일에 한 번 체육을 하는 정도니 활동량이 턱없이 부족하다.

　요즘 일본에서 한창 인기를 끌고 있는 체조는 '사쿠라 사쿠란보'(벚꽃 버찌)라는 이름의 리듬운동이다. 일본 전역에 있는 유치원 100여 곳에서 진행되고 있는 사쿠라 사쿠란보 리듬운동은 꽃과 같은 아이들이 건강한 열매를 맺을 수 있도록 도와준다고 해서 붙여진 이름이다. 리듬운동의 가장 큰 특징은 인간이 엄마 뱃속에 있을 때부터 태어나 성장하기까지의 과정을 리듬으로 표현했다는 점이다.

　'개체 발생은 계통 발생을 되풀이한다'는 학설에 이론적 바탕을 둔 운동은 언뜻 어렵게 느껴지지만, 간단히 풀이해 보면 인간이 태아에서 아기가 되고 자라서 어른이 되는 과정은 생물이 어류, 양서류, 조류, 포유류로 진화하는 과정과 같다는 뜻이다. 얼마 전까지는 이 학설이 그다지 인정받지 못했지만 최근 분자생물학 등 최첨단 과학계에서 상당히 유력한 학설로 인정받고 있다.

　고이즈미 교수는 아이가 태어나 성장한다는 것은 인류의 진화 과정을 되풀이하고 있는 것이기 때문에 진화 단계에 맞춘 동작들을 매일 되풀이하면 좋다고 말한다. 아이가 성장하는 데 필요한 기초를 확실하게 닦아 두자는 의미다. 요시노 어린이집은 건물 한가운데 천장이 높고 마룻바닥이 깔려 있는 커다란 강당이 있다. 0세부터 5세까지의 아이들이 매일 아침 여기에 모여 약 40분간 사쿠라 사쿠란보 리듬운

사쿠라 사쿠란보 리듬운동은

꽃과 같은 아이들이 건강한 열매를 맺을 수 있도록

도와준다고 해서 붙여진 이름이다.

운동의 특징은 아이가 엄마 뱃속에 있을 때부터

태어나 성장하기까지의 과정을 리듬으로 표현한 것이다.

동을 한다. 맨 처음 물고기 운동을 5세 아이들이 시작한다. 다음 4세, 3세 순으로 내려간다. 언니 오빠들이 시범을 보이고 동생들이 따라하는 식이다. 0세 아기들은 선생님들이 무릎에 올려 놓고 도와준다. 매일 아침 같은 동작을 반복해서 그런지 꽤 정확하게 잘한다.

사쿠라 사쿠란보 리듬운동은 물고기 운동부터 시작하는데, 엄마 뱃속에 있는 태아의 움직임을 본떠 팔다리와 손가락을 쫙 펴고 발가락을 세워서 발꿈치를 가지런히 한다. 그 상태에서 긴장을 풀고 엎드려서 몸을 좌우로 살살 흔들어 준다. 혈액 흐름을 좋게 하고 등뼈를 부드럽게 풀어 주는 동작이다. 그 다음은 동작은 악어운동. 아기가 기어가는 모습을 본떠 만들었다. 팔을 바닥에 대고 쫙쫙 뻗어 앞으로 기어가는데, 이때 엄지발가락을 확실하게 꺾어 그 힘을 이용해 앞으로 나아가는 게 중요하다. 왼손과 오른발, 오른손과 왼발을 번갈아 쓰며 앞으로 나아갈 때 척추도 좌우 균형 있게 발달한다.

다음 동작은 조류 운동. 걸어 다니는 아이가 한 다리로 설 수 있는 과정을 표현한 리듬이다. 두 다리로 마구 달려가다가 새가 되어 한쪽 다리는 들어 뒤로 뻗고 한쪽 다리로 선다. 다리 힘을 길러 주고 허리를 단련시키는 동작이다. 마지막 동작이 포유류 운동이다. 팔다리를 자유자재로 쓰는 단계를 표현한 리듬으로 빠르게 달리다가 한 발로 4초에 네 번 뛰기를 한다. 아이들이 박자에 맞춰 함성을 지르며

하는데 보고만 있어도 흥겨워진다. 가장 어려운 단계의 동작으로 좌우 균형감각을 익히는 데 좋다.

25년 전부터 해 온 사쿠라 사쿠란보 리듬운동은 정말 효과가 있을까? 가와고에 유리코 부원장은 "20~30년 전의 아기들보다 요즘 아기들이 더 힘들어해요. 아기들이 목을 가누는 것도 빠르거나 느리고, 기는 것도 빨리 기는 아기가 있는가 하면 그렇지 못한 아기도 많아요. 해당 월령에 딱 맞는 아기가 드물더군요. 그런데 사쿠라 사쿠란보 리듬운동을 도입하면서 아이들이 매 발달 단계를 확실하게 거치는 걸 눈으로 확인할 수 있답니다. 아기들이 훨씬 수월하게 성장해 가요."라고 말한다. 장애가 있는 네 살배기 딸을 요시오 어린이집에 보내고 있는 고토 이야카 씨는 무릎을 90도 밖에 뻗지 못하던 아이가 거의 180도에 가깝게 뻗을 수 있게 됐다고 말한다.

나는 국민체조를 하면서 성장했고 우리 아이들은 새천년체조를 한다. 한국 전체 학생들에게 보급하는 체조이니 당연히 이것저것 잘 고려해서 만들었을 것이다. 하지만 좋은 체조를 아이들이 매일 매일 할 수 있는 환경이 있어야 하는데, 그런 환경이 아직 요원한 게 우리의 현실이다.

우와, 엄지발가락 힘 좀 봐!

　우리 집은 아이가 많아서 그런지 방금 청소를 하고 돌아서면 어느새 어질러져 있다. 아이들과 약속하기를 자기 방 진공청소기 돌리는 것만은 알아서 하기로 했다. 그것 외에도 큰딸 보리는 집 안 전체 쓰레기 분리수거를 도맡아서 한다. 둘째딸 규리는 현관 신발 정리를 한다. 첫째와 둘째에게는 이런저런 일을 분담시키면서도 막내는 집안일에서 빼 준다. 여섯 살인데 막내딸은 왜 항상 아기 같은지 일을 시키기 안쓰럽기도 하고 뭘 제대로 할 수 있을까 의문이 들기도 한다. 막내딸 유치원에서도 가지고 논 장난감 정리는 시키지만 쓸고 닦는 건 선생님들이 한다.

　평소 '유치원생은 아기'라는 생각을 갖고 있다가 일본 유치원에 가

요시노 어린이집 아기들은 미끄럼틀을 거꾸로 탄다.

맨발로 미끄럼틀의 경사면을 기어올라 가서 계단으로 걸어 내려온다.

선생님은 미끄럼틀 윗부분에 앉아 아기들이 좋아하는 장난감을 흔든다.

아기들이 미끄럼틀을 기어오를 때는 엄지발가락에 힘이 잔뜩 들어간다.

엄지발가락의 힘은 '의욕'과 관계있다.

보고는 상당히 놀랐다. 대부분의 일본 유치원에서는 아이들에게 등원하면 곧바로 걸레를 들고 교실 바닥, 복도 등을 닦도록 시킨다. 마치 우리가 초등학생 때 그랬던 것처럼 엉덩이를 하늘 높이 쳐들고 친구들과 경주하듯 걸레를 밀며 달려간다. 아이들에게 청소를 시키는 이유는 자기들이 쓰는 공간은 스스로 쓸고 닦는 생활습관을 길러주려는 것일 텐데 요시노 어린이집은 좀 더 특별한 다른 이유가 있었다. '엄지발가락의 힘'을 길러 주려는 것이다.

아이가 걸레를 밀며 앞으로 나아가려면 반드시 엄지발가락이 꺾이면서 힘이 들어가게 된다. 엄지발가락이 밀어주지 않으면 앞으로 나아갈 수 없다. 왜 엄지발가락의 힘을 기르는 데 신경을 서야 할까? 엄지발가락은 인류의 진화를 설명할 때 매우 중요한 포인트다. 태어나기 전, 즉 태아기에는 인간과 원숭이가 비슷한 손 구조, 발 구조, 뼈 구조를 가지고 있는데 뱃속에서 태어나면 인간은 엄지발가락이 굉장히 발달한다. 엄지발가락은 직립보행을 하기 위해 일어설 때 가장 중요한 부분이다. 엄지발가락에 힘을 주지 않으면 일어설 수 없다. 또 앞으로 나아가려 할 때 엄지발가락을 사용하지 않으면 나아갈 수가 없다. 앞으로 나아가려는 것은 '의욕'이다. '의욕'이 없으면 앞으로 나아갈 수 없다. 최근에 뇌 과학자들은 '의욕'과 엄지발가락의 움직임 사이에 어떤 신경회로가 연결되어 있다는 보고를 계속 내

놓고 있다.

걸레질이 3, 4, 5세 아이들의 엄지발가락 힘을 길러 준다면 0세, 1세 아기들은 걸레질을 할 수 없으니 어떻게 엄지발가락의 힘을 길러 줄 수 있을까? 바로 '미끄럼틀'을 이용해 엄지발가락의 힘을 길러 준다. 그러나 아기가 미끄럼틀을 이용하는 방법은 우리가 생각하는 미끄럼틀타기와는 좀 다르다. 요시노 아기들은 모두 맨발로 미끄럼틀의 경사면을 기어올라 가서 계단으로 걸어 내려온다. 아예 미끄럼틀이 타고 내려오는 놀이기구라는 걸 모르는 눈치다.

선생님은 미끄럼틀 위에서 아기들이 좋아하는 장난감을 흔들면서 아기들이 경사면을 기어오르도록 유도한다. 아기들이 미끄럼틀을 기어오를 때 보면 엄지발가락에 힘이 잔뜩 들어가는 게 보인다. 아이들은 끝까지 기어 올라가는 게 힘든지 몇 번이나 주르륵 미끄러진 뒤에야 성공할 수 있다. 재미있는 것은 이름도 미끄럼틀이 아니라 '하이하이판'이다. 하이하이판이란 '기어오르는 판'이라는 뜻으로 같은 놀이기구를 이렇듯 다르게 사용할 수 있는 일본의 유아교육계의 무서운 힘을 다시 한 번 실감할 수 있었다. 어느 한 곳도 허투루 흘려보내는 것 없는 세심한 교육이 이뤄지고 있었다.

요시노 어린이집 운동장에는 약 4미터 높이의 흙 언덕이 있다. 아이들은 틈만 나면 흙 언덕을 기어오르면서 논다. 그리고 언덕들 기

요시노 어린이집 운동장에 있는 약 4미터 높이의 인공 흙 언덕.

아이들은 틈만 나면 언덕을 기어오르면서 논다.

그리고 언덕을 기어오를 때는 엄지발가락에 힘이 잔뜩 들어간다.

바로 흙 언덕은 아이들의 엄지발가락 힘을 길러 주기 위해 만든

인공적인 운동시설인 셈이다.

어오를 때는 엄지발가락에 힘이 잔뜩 들어간다. 운동장에 있는 흙 언덕 역시 아이들의 엄지발가락 힘을 길러 주기 위해 인공적으로 만든 운동시설인 셈이다. 또 0세, 1세반 교실 앞에는 언제든지 드나들 수 있는 작은 마당이 있는데, 이 마당도 약간 경사지게 만들어 놓았다. 아기들은 그 곳에서 공놀이를 하는데, 공이 경사면을 타고 굴러 내려가면 아기들이 공을 잡으러 내려갔다가 다시 낑낑대며(엄지발가락에 힘을 주며!) 경사면을 올라온다. 마당에서 놀 때도 자연스럽게 엄지발가락의 힘이 길러지도록 미리 만들어 놓은 경사진 작은 마당인 것이다.

운동장에 있는 대나무 봉, 2미터 높이의 통나무 평균대, 대규모 하이하이판들도 마찬가지다. 이 모든 것들이 아이들이 신나게 뛰어놀면 저절로 엄지발가락 운동이 되도록 과학적으로 고려해서 준비해 놓은 야심의 놀이기구인 셈이다. 요시노 어린이집에서 아이들의 엄지발가락 힘을 길러 주기 위해 애쓰는 이유는 단 하나다. 아이들의 의욕을 불러일으키기 위해서다.

나는 서로 다른 개성을 가진 세 명의 아이, 세 딸들을 키우면서 스스로 뭔가를 하고 싶어 하는 마음, 즉 의욕이 얼마나 중요한지를 항상 절감하며 살고 있다. 머리가 좀 더 좋아도, 능력이 좀 더 뛰어나도 아이가 하고 싶은 의욕이 없으면 어떤 교육이나 가르침도 소용이 없다. 머리와 능력이 좀 부족해도 의욕이 충만해 있는 아이를 따라갈 수 없는 것이다. 한동안 나는 아이들 스스로 하고 싶은 마음을 어떻게 불러일으키면 좋을지 고심했다.

일일이 아이들을 챙기는 것이 쉽지 않기도 하지만 언제까지 아이를 도와줄 수 없다는 생각이 들기 시작하면서 내가 안일한 방법으로 아이들을 사랑하고 있다는 것을 알았다. 아무리 어려도, 도저히 해낼 수 있을 것 같지 않아도 혼자서 할 수 있는 것들을 서서히 늘려가야 겠다고 생각을 굳혔다. 큰딸이 할 수 있는 일(좀 더 디테일하고 복잡한 집안일!)부터 애처롭고 안타까워도 막내딸 아리가 걸레질을 하기까지 모든 과정을 서서히 시행하고 지켜볼 것이다. 내 사랑을 아이들에게 주는 방식을 바꿔야 할 듯하다.

나는 앞으로 세 명의 딸들을 지켜보고, 기다리고, 사랑하고, 안아줄 것이다. 그리고 강제하지 않고, 질투하지 않고, 뛰어나라고 강요하지도 않을 것이다. 그저 아이들이 스스로 할 수 있도록 눈에 보이지 않는 여건들을 세심하게 준비해 둘 것이다. 딸아이들이 거친 세상에 나가기 전까지 충분히 단련되고 온화해지는 그날까지! 나는 그런 엄마가 되고 싶다.

엄마의 마음가짐에서
기적은 시작된다

처음에는 '일본 사람들은 어떻게 아이를 가르칠까?'라는 단순한 의문을 가지고 일본 열도를 돌아다녔습니다. 그리고 많은 유치원을 방문하고 수많은 유아교육 전문가들을 만났습니다. 도쿄, 오사카의 유치원뿐만 아니라 일본의 시골구석에 있는 어린이집에서 놀라운 광경을 직접 목격했습니다. 42.195킬로미터를 뛰는 어린 마라토너들, 2,500권의 책을 읽은 독서가들, 작은 별 변주곡을 연주하는 세 살짜리 바이올리니스트들, 엄마가 아기를 키우듯 개를 돌보는 아이들, 핑크색 밥을 세상에서 가장 좋아하는 아이들! 훌륭한 교육법도 많이 만났습니다. 요코미네식 교육법, 스즈키 교육법, 일본 왕실의 교육법, 동물동반 교육법, 사쿠라 사쿠란보 교육법이 그것입니다.

한 가지 방법이 아니고 다양한 방법으로, 한 곳에서가 아니라 일본 곳곳에서 훌륭한 교육이 펼쳐지고 있었습니다. 우리가 취재하며 놀라워했던 이 교육법들은 오랜 시간의 연구와 경험이 쌓여 만들어진 것들입니다. 이것들은 결코 책상에서 만들어진 교육법이 아니었습니다. 유치원에서 수십 년간 아이들을 대하면서 다듬고 다듬어진 실전 교육법입니다. 그래서 우리가 아닌 어떤 엄마들이 보았더라도 아이를 키우면서 어려웠던 부분에 대해 답을 얻을 수 있었을 것입니다. 이럴 때는 이렇게 저런 때는 저렇게, 이 아이에게는 이렇게 저 아이에게는 저렇게 일대일 맞춤 해법이 준비되어 있었습니다.

저는 이 다양한 교육법들에서 한 가지 공통점을 발견할 수 있었습니다. 일본의 유아교육 현장에서 가장 본받고 싶은 점이기도 합니다. 바로 선생님들의 자세, 마음가짐입니다. 선생님들은 아이들을 세밀히 관찰하고, 아이들이 못하는 것을 어떻게 잘하게 할 것인가를 끊임없이 고민하고 있었습니다. 아이 전체를 하나로 보는 것이 아니라 아이 한 명 한 명을 보고 있었습니다. 그래서 모든 아이들이 다 다르다는 것을, 또 한 아이도 매일 매시간 컨디션이 달라진다는 것을 잘 알고 있었습니다. 그렇게 얻은 해법이라 정말 꼼꼼하다는 것을 느낄 수 있었습니다. 아이의 건강뿐 아니라 두뇌발달을 위해 맨발 달리기를 시키는 것도 그렇고, 조금만 더 어려운 과제를 줘서 자신감과 성취의 경

힘을 주는 것도 그렇습니다. 학교에서 개를 키우면서 생명의 소중함을 가르치는 것도 그렇고, 운동장의 흙 언덕을 통해 엄지발가락을 자극시켜 두뇌발달을 돕는 것도 그렇고요. 그곳에서 만났던 선생님들은 그냥 무덤덤한 직장인이 아니라, 아이들의 부모로 일본 유아 교육의 뿌리라는 자부심으로 수십 년의 세월을 보냈다는 것을 느낄 수 있었습니다. 우리가 취재한 유치원의 교육이 돋보였던 이유는, 단연코 시스템이나 시설에 있지 않았습니다. 실제로 아이들을 키워내는 사람들에 있었습니다.

이 책에 소개된 유치원들의 장점이 시스템이나 시설에 있지 않고 바로 사람에게 있다는 것이 참으로 희망적입니다. 엄마인 내가 달라지면 우리 아이들도 잘 자랄 수 있다는 뜻이기 때문입니다. 첫아이는 '뭐든지 빨리, 남보다 먼저'라는 조바심과 극성으로 키웠습니다. 둘째 아이를 '최대한 아이들을 자유롭게, 손대지 않고' 자라게 했습니다. 아쉽게도 두 아이를 겪고 나서야 많은 것을 깨달을 수 있었죠. 극성과 방임, 둘 다 최선의 해법이 아니었다는 것을요. 그리고 기적 같은 일을 해내는 일본의 유치원들을 취재한 결과, 자연스럽게 아이의 재능을 열어 주는 제3의 방법이 있다는 것을 알게 되었습니다. 첫째는 관심을 가지고 내 아이를 잘 지켜봐야 한다는 것이고, 둘째는 누가 좋다고 하는 교육법을 무조건 적용하는 게 아니라 관찰 결과 알아낸 내 아이의 특성에 맞는 방법을 써야 한다는 것입니다. 셋째는 서두르지 않고 기다려 줘야 한다는 것입니다. 그리고 마지막으로 기다리되 손을 놓고 있는 것이 아니라 아이가 성장할 수 있도록 표 나지 않게 끊임없이 조금 더 어려운 과제를 줘야 한다는 것입니다.

유아기는 앞으로 긴 인생을 살아가야 하는 아이들에게 매우 중요한 시기입니다. 이 시기를 통해 아이들은 평생을 살 수 있는 힘의 토대를 만들어 갑니다. 학습을 강제하지 않아도 스스로 공부를 찾아서 하고, 자연스럽게 운동과 음악을 통해 창의력을 키워 가고, 경쟁을 놀이처럼 즐기고, 조금 더 어려운 문제에 도전하고, 칭찬과 인정을 양분 삼아 실력을 키워 가는 아이들. 이 얼마나 마음 설레고 행복한 우리 아이의 모습일까요?

물론 이곳 유치원들을 보고 지금 당장 우리 아이들을 이렇게 바꿀 수는 없을 것입니다. 하지만 불가능한 일도 아닙니다. 엄마가 조금만 바뀌어도 아이는 많이 달라지기 때문입니다. 아이들은 민감하고 특히 엄마에 대한 반응성이 크기 때문에 엄마의 작은 변화도 놓치지 않습니다. 조바심을 내려놓고 내 아이를 들여다볼 때, 어떻게든 되겠지 하는 무력감을 떨쳐내고 아이에게 손을 내밀 때 변화는 시작될 것입니다. 우리 함께 세상에서 가장 의미 있는 변화를 시작해 볼까요?